U0241771

晚间社交场合着装规则：

1. 元素规则：
款式：修身合体，女性化的曲线感，有一定露肤度
色彩：无限制
材质：精致，偏强光泽

2. 配置规则：
隆重晚间社交：大晚礼服裙
　　+露趾细高跟鞋
　　+手抓包
　　+珠宝配饰

轻松晚间社交：小晚礼服裙／拆装晚礼服
　　+细高跟鞋
　　+手抓包
　　+珠宝配饰

晚间 Party

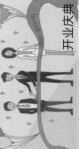

日间社交场合着装规则：

1. 元素规则：

款式：修身合体、女性化的曲线感装饰，控制露肤度

色彩：无限制

材质：精致、有一定光泽，但不要太强

2. 配置规则：

正式日间社交：午服套装／午服连衣裙
+细高跟船鞋
+小手拎包／手抓包
+胸花等配饰

轻松日间社交：在正式日间社交装的基础上各种拆套搭

参加婚礼

参观访问

开业庆典

商务谈判

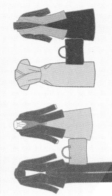

日常办公

通勤场合着装规则：

1. 元素规则：

款式：简约、偏直线、适中合体、控制露肤度

色彩：中性色为主

面料：精致、平整、弱光泽、偏挺括

2. 配置规则：

严肃通勤：西服套装

　　　　　＋衬衫

　　　　　＋中跟船鞋

　　　　　＋公文包

　　　　　＋少而精的配饰

时尚通勤：在严肃通勤装的基础上各种拆套搭

场合着装检索地图

出差途中

家庭聚会

朋友 K 歌

度假旅游

休闲场合着装规则：

1. 元素规则：
款式：宽松的廓形，体现放松感的细节
色彩：无限制
材质：可以有粗纹理

2. 配置规则：
无固定的类别组合，典型的休闲品类进行搭配即可。

在家休息

量化美学系列丛书 1

MMC

优雅女性场合着装指南——曹荟媛 著

今天你穿对了吗

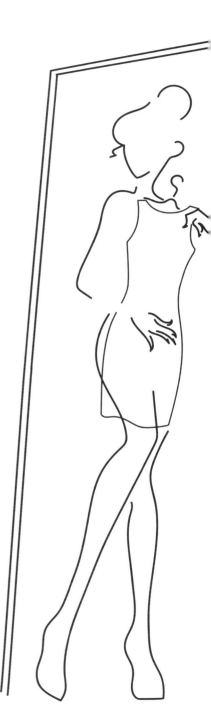

国家一级出版社 全国百佳图书出版单位

中国纺织出版社有限公司

内 容 提 要

　　本书围绕通勤、日间社交、晚间社交、休闲四大场合，运用"生活场景二维定位分析""场合规则推导公式"等系统工具，为广大女性读者介绍了各场景通用的着装规则，填补了女性场合着装指南方面的空白，全书图文并茂，具有较强的实用价值与指导意义。

　　本书是美目世纪量化美学系列丛书的第一本，以国际通用的场合着装规则为基准、以量化美学系统为逻辑框架，并融入美目世纪自主研发的场合工具，贴近真实生活，为广大职场女性提供了场合着装的实际应用知识。

图书在版编目（CIP）数据

　　今天你穿对了吗：优雅女性场合着装指南 / 曹荟嫒著.－－北京：中国纺织出版社有限公司，2022.1

　　ISBN 978-7-5180-8830-0

　　Ⅰ．①今…　Ⅱ．①曹…　Ⅲ．①女性—服饰美学　Ⅳ．①TS973.4

　　中国版本图书馆CIP数据核字（2021）第173255号

策划编辑：向连英　　　　责任编辑：刘　丹
责任校对：江思飞　　　　责任印制：何　建

中国纺织出版社有限公司出版发行
地址：北京市朝阳区百子湾东里 A407 号楼　邮政编码：100124
销售电话：010—67004422　传真：010—87155801
http://www.c-textilep.com
中国纺织出版社天猫旗舰店
官方微博 http://weibo.com/2119887771
北京华联印刷有限公司印刷　各地新华书店经销
2022 年 1 月第 1 版第 1 次印刷
开本：880×1230　1/32　印张：6
字数：88 千字　定价：88.00 元

序

量化美学历经十多年的优化升级，美目世纪（MUCH MORE CONSULTING CORPORATIOA，MMC）推出了美学系列丛书的第一本——由曹荟媛老师主笔的《今天你穿对了吗：优雅女性场合着装指南》。

当代社会，分工越来越细，人们对于物质生活与精神生活的追求不断提高，服饰的场景化成为生活与工作的恰当表达。尽管我们并不认同"以衣取人""以貌取人"的观点，但却无法否认这样的事实，即人的穿着与身份、品位、修养有着密切的关系。"服饰往往可以表现人格"，其社会符号功能和审美功能在社会发展过程中日渐强化，在人际交往中我们即使沉默不语，衣着与体态也会泄露我们过往的经历。

一直以来，服饰都被当作可以传递人思想、情感的"非语言信息"。从深度细分的角度来看，场合着装不仅是一个人的外在形象管理，还是在不同场景下注意力、思想力、决策力的表达；不仅包括购买、穿戴、修饰的行为，还包括与之匹配的人际交往过程中的行为动作等，需要进行系列的规划与思考。

场合着装是我们构筑良好社会关系的重要载体，有助于与团队和社会产生互动，在互动过程中准确表达个人思想，促使我们有创意地解释对于生活与工作的理解。不同场景的得体着装，可以使我们为周围的世界赋予新的意义。场合着装是一种良好的美学刺激，它将着装带向一个崭新的方向，以得体而美观的着装，带来文化认同、作出文化贡献。

美目世纪

韩玉九

前　言

为什么需要这样一本书

"要根据不同的场合来进行得体着装。"这一概念在很多人少年时期的记忆中，大体上是非常模糊的。很多人都是在工作之后，才逐渐意识到"场合着装"的重要性。

近年来，随着品位升级、品质生活、大社交时代的到来，在各种重要场合中形象是否得体的问题，越来越受到人们的重视。"场合着装"这个概念呈现出接受范围扩大化的趋势。

因此，我们迫切需要一本系统化的场合着装书籍，来正确指导我们的日常穿搭，来精准诠释我们的生活方式。

市面上已有些许关于男士场合着装的书籍，但鲜有专讲女士场合着装的。因为相较而言，男装的发展相对稳定，很多形制都基本固定不变，所以男士场合着装规则相对规范化，易于理解。而现代女士着装规则是在男士着装规则的基础上逐步建立起来的，并不像男装那样具有比较强的约束力。女装类别丰富、变化多样，其着装规则并不容易梳理清楚。因此，我们更加需要一本针对女性朋友、逻辑清晰、易于理解、操作性强的场合着装教程。

本书以国际通用的场合着装规则为基准，以量化美学系统为逻辑框架，融入了 MMC 自主研发的"生活场景二维定位分析""场合规则推导公式"等系统工具的应用，希望能让广大女性读者把场合着装学明白（男士也可作为原理性参考），对大家日常生活场景实际穿搭起到指导作用，帮助女性朋友塑造得体、百变的美好形象。本书也可作为服装设计师、买手、形象顾问等相关专业人士的参考性书籍。

谨以此书为国人之形象尽绵薄之力。书中若有不妥之处，还望您给予包容及指正。

曹荟媛

2021 年 7 月

目 录

1

第 4 章　极简生活达人如何形象百变

第 5 章　怎样既突出自我风格又得体

第 6 章　怎样在正式场合中既得体又时髦

结语

第1章

为什么要懂"场合着装"

01/ 什么是"场合着装"

场合着装，是指我们要依据不同场合的着装规则来进行服饰搭配，从而打造得体的形象。

那么，为什么要按规则穿衣？比如我们都知道，在严肃的商务场合，男士要穿着相对合体的西服套装，配衬衫打领带。其实这样的穿着会在一定程度上限制穿着者的行动自由。穿着者的行为举止会不自觉地受着装的影响，变得更加严谨。再如女士在参加隆重的晚宴时，按规则会穿着合体的礼服裙，配上高跟鞋。有过这种着装体验的女性朋友们，都应该深有体会：在这样的着装限制下，我们的行为举止自然不可能有很大的幅度，走路步幅会变小，因为裙子鞋子都不允许迈大步；姿势会更挺拔，因为身体塌下去会很累；甚至连我们说话的声音都随之变得优雅了许多，笑容也变成了得体的微笑。这就是服饰规则对人的行为举止产生的影响。

而一个人的行为举止是否得体，正是判断他的教养是高还是低的一项直观指标。所以，着装规则体现了一个人的精神内核，它是一个人内在规则的外化表达。

服饰规则⇨行为规则⇨身份规则⇨精神内核

所以，场合着装表面讲的是规则问题，其实背后透露的是礼仪、教养的问题。服饰一直被认为是传递人思想情感、内在精神的"非语言信息"。场合着装往往能直接体现出一个人的素养与内涵。

服饰往往可以表现人格。——莎士比亚

不懂"场合着装"会怎样

就算穿着奢侈品，

也可能会有被拒之门外的

尴尬！

"如果不按场合规则去穿衣会怎样？"

"穿错服装也没什么大不了的。"

也许有人会有这样的想法。的确，场合着装规则不是法律条文，并不能对人们产生强制性的约束力。但很多时候，它却在你的人生大事件中扮演着不容忽视的角色。

分享两位朋友讲述的亲身经历：

A 先生："有一次，我和一位做老板的朋友一起参加一场晚间宴会。到了门口，朋友却被工作人员阻挡在了门外，理由是着装不够正式。说实话，朋友那一身 T 恤、夹克、牛仔裤，可件件都是价格不菲的国际大牌，比我身上的西服贵多了。但是在这种时候，即使穿的是奢侈品，貌似也没什么用。人家明明要求着正装，你穿休闲装就是不对。最终那位老板朋友没能进去参加宴会。我到现在也忘不了当天他离开时的尴尬表情……"

S 女士："大学毕业找工作时，我曾有机会进入一家慕名已久的大企业任职。当时的我年轻漂亮，学习成绩优异，信心满满，对那个岗位志在必得。但是我却在最后一轮面试中被淘汰了，输给了一个各方面条件并不如我的女生。后来我才打听到原因——那个女生面试时的穿着更符合职场要求。而我当时只想着表现自己的年轻漂亮，打扮得过于花哨了，以至于让用人单位对我做事的态度产生了质疑。我那时才明白，原来着装不仅要考虑美不美的问题，很多时候还要考虑穿得对不对的问题。"

其实类似的故事数不胜数。穿错衣服的确没什么大不了，只不过可能会让你失去本可以属于你的一大笔生意，可能会让你丢掉一个升职加薪的机会，可能会让你被心仪的人拒绝；可能会让你因为进不去宴会厅而感到无比尴尬，可能会让别人觉得你是个缺乏教养的人……只不过有这些可能性而已。

如果你觉得这些真的都无所谓的话，那么你可以不用懂"场合着装"。反之，如果你很在意这些，那么相信我，你非常需要"场合着装"的加持。

03/

我就是个普通人，

"场合着装"跟我有关系吗

著名的 7/38/55 定律告诉我们：一个人留给别人的第一印象如何，只有 7% 是根据他所表达的内容来形成的；而有 38% 是根据他的行为、举止、表情、语音、语调这些外在表现来形成的；更多的 55% 则是根据他的外在视觉形象，也就是长相着装来形成的。由此可见外表对一个人第一印象形成的重要性。

既然外在视觉形象很重要，我们就不得不重视它。

想要塑造一个比较美好的着装形象，应满足三个方面的需求：第一，要穿自己喜欢的，这样才能愉悦自己的内心，使形象自在；第二，要穿适合自己风格的，这样才能展现出最美的自己；第三，要穿对场合，穿着得体，这样才能表达你对他人的尊重，表现出自己的礼仪教养，从而让自己能更好地融入社会。

我个人认为，"穿对场合"在这三个需求中尤为重要。因为风格穿错了，顶多会让别人觉得你不够漂亮好看，但是如果场合穿错了，尤其是一些重要场合如果你穿错了，会非常失礼，会让人觉得你不够得体、没有礼仪教养，由此还可能造成一些比较严重的后果，使你错失一些很重要的机会。所以，场合着装属于礼仪范畴，有明确的规则，有对错的标准。对于一个需要塑造多种角色的社会人，场合着装起着至关重要的作用。

即使是普通人，我们也都是多重社会角色的塑造者。比如我是公司的职员，我需要在上班时表现出我的理性、责任心与职业感；我是公司的领导，我需要在重要商务谈判时，表达出我可信赖的力量感；我是演讲者，我需要在台上表达出我的真诚与感染力；我是妻子，陪丈夫出席宴会时，我需要表达出优雅、得体；我是闺蜜，和姐妹们聚会时，我需要表达出我的热情与个性；我是孩子的母亲，与孩子一起郊游时，我想让孩子感受到我的亲切与温暖……我们发现，只要是一个社会人，就会有多种角色塑造的需求，只不过有些人的角色相对多一些，而有些人的角色相对少一些。

如果能按照正确的场合着装规则来穿衣服，那么对于我们塑造各种形象角色，绝对是有利的加分项。相反，如果不懂场合着装，一定会有损于我们想要塑造的各种角色。

所以，一个人对"场合着装"的重视程度，会影响他的很多方面，比如，他的生活方式、职位升迁、经济收入、社会地位、亲子关系、婚恋关系、受欢迎程度、幸福指数……

对服饰场合的界定，对场合着装的理解表达，体现了一个人对自己的社会角色是否有深刻理解。

"场合着装"对个人有着塑造社会角色的意义。同时，对于一个社会、一个国家，"场合着装"的普及度某些程度上也代表着这个社会、这个国家的文明指数和礼仪素养的程度。

所以，"场合着装"与我们每个社会人都息息相关。

第 2 章

怎样穿才算得体

04/ 国际通用的场合着装规则

国际通用的场合着装规则是：着装的 TPO 原则。那么，什么是 TPO 原则呢？

TPO 原则（Time、Place、Occasion）指的是要根据时间、地点、具体场合目的来进行着装。不同的时间、地点、场合目的，着装的准则也会不同，这是场合着装的核心准则。所有具体的场合着装方案，从源头上讲，依据的都是 TPO 原则。

T（Time）：广义的理解——时代、季节；狭义的理解——一天当中的具体时间（白天／晚上）。

P（Place）：广义的理解——国家、地域；狭义的理解——具体的地点、环境。

O（Occasion）：具体的场合目的（工作／社交／娱乐／……）。

场合着装的基本制式源于西方发达国家，但 TPO 原则被明确地提出，最早是在 1963 年。这一年，日本男装协会（Japan Men's Fashion Unity）将该年度的流行主题确定为"TPO 国民计划"，为的是在日本国民的头脑中尽快树立起最基本的现代男装国际规范和标准，以提高国民整体素质。这不仅为当时日本国内服装市场的细分化趋势提供了指导，同时也为迎接 1964 年在日本东京举行的奥运会做了很好的准备，让日本国民在国际各界人士面前树立了良好的形象。TPO 原则不仅在日本国内迅速推广普及，同时也被国际时装界所接受，并逐渐成为国际通用的基本着装准则。所以到今天，TPO 原则也就顺理成章地成为"场合着装"的代名词。

社会角色的分工决定了男女装的不同。男性以理性职业居多，故而在着装规则上，男装具有更强烈的明确性和规范性。这也是为什么在最正式的场合里，男士着装显得整齐划一，女士着装却丰富多彩。但是丰富不等于无规则，也并不代表女性可以在重要场合随意穿着。女性也要遵守 TPO

原则，只是不似男性着装规则那般细分、具体和严格。这也正是很多女性朋友对场合着装概念不是特别清晰的原因。

另外需要说明一点，因为目前国际通用的服饰礼仪规范，是以西方服饰形制为代表的。为了符合国际通用的大准则，本书后面提到的具体着装形制，也大都是基于西方服饰礼仪规则的。我个人认为，如果真正理解了场合着装的原则和意义，其实完全可以更加灵活地转换和应用。只要不违背 TPO 原则，很多场合完全可以穿着自己本民族的服饰来表达得体形象。

05/

为什么有人学过"场合"，却仍然会出"事故"——

"死规则"与"活场景"

"场合着装"在我们实际应用时往往有个难点，那就是规则是死的，场景却是活的，是多变的。所以，可能会出现有些人虽然学过"场合"，但仍然会出"事故"。

一位朋友曾经分享她的亲身经历：她之前专门学习过着装礼仪的课程，懂得场合着装的基本规则。有一次她和先生去参加一个朋友的婚礼，根据礼仪认知，她觉得婚礼属于社交场合。所以，为了表达对朋友的尊重，她和她先生都穿得非常正式，先生西装革履，她也穿了正式的日间社交套装。结果到现场一看，发现其他嘉宾都穿得非常随意。尤其是跟他们同一桌用餐的嘉宾，居然还有穿着大短裤、光脚穿拖鞋的。大家可以想象一下那个情景。她说当时真的很尴尬，因为他俩就像异类，别人都用异样的眼光打量他们。后来她对我感慨道："当时明明是那些人穿得不对，不合乎礼仪，为什么感到尴尬的反而是我们呢？难道是我们穿得不对吗？"

看到这里，也许你会觉得，是这位朋友运气不好，正好遇见了一些礼仪修养有待提升的人。但这个案例恰恰说明了实际应用场景的灵活性。如果我们用场合规则去生搬硬套，可能会有问题。要知道，婚礼和婚礼是不同的，这个婚礼在什么时间？什么场地？什么级别？隆重度如何？到场的嘉宾都是什么人？这一系列问题，其实都会影响到具体的场景氛围，影响我们想要设定的着装形象目标。同样，上班场合也有不同，不同的行业、职业、职位，不同的具体工作场景，着装形象目标都会有所不同。一般的工作办公与正式的商务会晤对形象的目标肯定也是不同的。一定要具体情况具体分析，不能一概而论地直接去套用典型场合规则，去应对所有的具体细分场合。

比方上面说的这个去参加婚礼的案例，其实应该可以提前打听到婚礼的基调。如果提前了解了参与嘉宾的大概情况，那么我们就会放弃选择那么正式的着装了。因为那样会显得格格不入，太过引人注目，会有突显自己、贬低他人之嫌。那么是不是应该跟大多数人保持一致、也穿得非常随意呢？其实那样也不好，会显得不够尊重主人、不得体。那么究竟该如何穿呢？其实最好的方式是取中间程度的状态，就是既要有一定的社交感，但也要有一定的轻松感。比如男士可以把西服套装拆套来穿，也不必系领带；女士可以穿一条相对合体但裙摆有放松感的连衣裙，在局部适当增加一点装饰就好。这样既不会显得和大家格格不入，也不会失礼，还能非常适度地表达对主人的尊重。这就是场合规则灵活应用的体现。我们需要把场合规则因情况而异地去适当做加减法，这样才能真正满足我们实际的场景需求。

所以，我们学习场合着装规则，不单单要能记住死规则，更重要的是要能够根据实际情况进行调整与灵活应用。这才是真的学懂了，真的做到会用了。

只是把几大场合的着装规则死记硬背下来，然后去套用，肯定是不够的。正确的方式是：要从场合着装背后的因果关系、逻辑关系去理解、去推导，相当于有一个推导公式一样。所以大家一定记住，在进行场合着装打造时，一定要先从源头的TPO去分析具体的场景氛围，只有明确了场景氛围，才能有明确的着装形象目标。有了具体的形象目标，我们才能推导出相应的着装规则。这里的规则是要更严格一些，还是可以略做调整降低标准？都取决于前面的形象目标。规则能帮我们界定清楚这个场合应该选择什么样的款式、颜色、材质。有了规则，最后的具体执行方案就有了具体的边界。

场景氛围⇨形象目标⇨着装规则⇨着装方案

举个例子来说明。比如您要进行一个白天的、正式会晤场合下的两个公司的商务谈判。作为公司的主要代表，这样的TPO场景氛围会让您想以什么样的着装形象目标出现在众人眼前呢？您应该会想表达正式、严谨、理性这些特质吧？所以，"正式、严谨、理性"就是您的形象目标。那么要如何实现这样的形象目标呢？这就需要按照相应的规则来做了。因为要严谨、理性，所以是不是应该用比较职业感的西服套装来表达？因为要严谨、理性，所以是不是应该用中性色会更好？而且配色应该有一定对比度，因为有对比，才显得比较有力度、有理性。所以，这个时候应该穿什么颜色、什么款式、什么面料、搭什么鞋子和包，甚至什么妆面，都有了相应的要求。这些要求就是所谓的着装规则。最后只要做出符合这些规则的着装方案就可以了。

不要去死记硬背场合规则，而是应该用这样的场合公式去推导。这样我们才能做到场合的"灵活且准确"的应用。

06/ 如何区分不同的场合

关于场合分类，可能有些人觉得有个大概的分类就好了；而有些人觉得场合分类应该做得细致一些，这样最终的方案才会精准。以上这些不同的想法，跟大家对于场合着装的重视程度不同是有关的。

研究场合着装，相当于研究人的生活方式。不同人的生活方式不同，场合需求不同，对场合着装的重视度也会不同。这与一个人的成长生活环境、年龄、受教育程度、职业、职位、经济条件等因素都有一定关联。一般而言，一个人的社会地位越高，对场合着装的重视程度也相对越高。

比如越是在一二线城市，大家对场合的重视程度会越高，对场合的细分需求、场合定位的精准度需求也会越大；如果是三四线城市，或者更往下，那么大家整体上对着装的礼仪表达需求就不会特别明显。再如随着一个人职位的升迁，他对场合着装往往也会随之重视起来……

不同生活方式的人对场合着装的重视程度、需求度是不同的。但"场合分类"是适用于所有社会人的。大家只是在场合分类框架中，根据自身情况各取所需而已。

那么，我们究竟有哪些生活场景的需求？有哪些社会角色的形象需求？场合究竟可以分为哪几类呢？我们需要通过一个统一的系统工具，对所有生活场景进行分类和归纳。只有对所有场合先建立全盘的认知，才能应对好某个具体场景的形象需求。

要强调的是：场合的分类，依据的就是 TPO 原则。因为时间、地点、场合目的不同，场景氛围就会不同，想通过着装表达的形象目标就不一样，所以场合类型就不同。

我们可以先根据着装形象目标，以最简单的方式把场合分为两类，即正式场合、非正式场合。这样的分类方式笼统但常见。

那么，什么样的场合属于正式场合呢？具体什么样的场合氛围、着装形象目标属于正式的？有人会觉得严肃的工作会议是正式场合，也有人觉得大型晚宴是正式场合。没错，这两种都属于正式场合。但大家有没有发现，这两种场景的氛围及形象目标其实是不太一样的？工作会议的氛围是严谨的，而大型晚宴的氛围是隆重的。所以，对正式场合的理解，会有偏严谨、还是偏隆重的区别。因此，我们可以用隆重度和严谨度作为场合定位的两个维度，这样就形成了一个二维定位的场合工具图，具体如下：

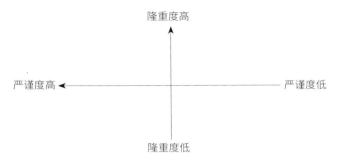

由于隆重度高低与严谨度高低的不同，两个维度相交，就会形成四个象限区域，分别是：

右上区域：隆重度高 + 严谨度低
右下区域：隆重度低 + 严谨度低
左下区域：隆重度低 + 严谨度高
左上区域：隆重度高 + 严谨度高

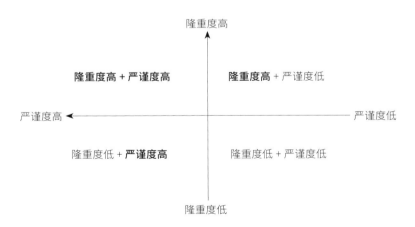

生活中的各种场景都可以根据 TPO 原则找到相应的场景氛围和着装的形象目标，并在这个图中找到相应的位置。下面是一些常见场景的举例，在二维定位图中的位置如图所示。

隆重度高

参加婚礼

参观访问

开业庆典

商务约会

严谨度高 ←

商务谈判

日常办公

颁奖典礼

出差途中

隆重度低

晚间 Party

朋友 K 歌 ———————————— 严谨度低

家庭聚会

度假旅游

在家休息

需要说明的是，这些场合在工具图中的位置是大概的定位参考，是大多数情况下的定位，是相对而言的。比如去参加一个婚礼，这个婚礼的所在地、举办的规格、参加的人不同，会影响这个婚礼场景的具体氛围是更隆重一些还是更轻松一些。所以"参加婚礼"这个场景还要结合其更加具体的TPO来定位，有可能基于现在图中的位置，会有一定的上下左右的移动。其他场合的定位也是如此。在此，主要是用工具图来帮我们观察或管控各个场合之间的区别或关联。另外，这里没有列举到的生活中的其他场合也可以参考已举例的这些，找到相应的位置。

我们可以发现，生活场景如果细分，是可以分为很多种的。而这些场合之所以不同，是因为它们场景氛围的隆重度和严谨度的排列组合有各种不同的方式，所以就产生了各种各样的具体的场合形象需求。但复杂的现象背后总归是有逻辑可循的，不管这些场景如何不同，都主要是隆重度和严谨度这两个维度在把控着。所以，只要抓准这两个维度，各种场合的形象目标也就非常清晰了。

根据四个象限的特点，我们可以把所有的场合先分为四大类，即一类非正式场合（休闲场合）与三大类正式场合（职业场合、晚间社交场合、日间社交场合）。

职业场合：严谨度高＋隆重度低

职业场合的TPO：职业场合又常被称为商务场合或通勤场合。时间通常都是在工作日的白天。地点通常都是一些商务工作场景，比如，在各企事业单位、在自己或者客户的办公室、会议室等与工作相关的各种场景。场合目的一般都与商务工作性质相关。情况会有很多，比如，商务谈判、公司例会，服务窗口的接待工作，在办公室里工作办公，上讲台讲课，去客户的公司谈业务、谈项目……这些场合对形象都更加强调严谨度。

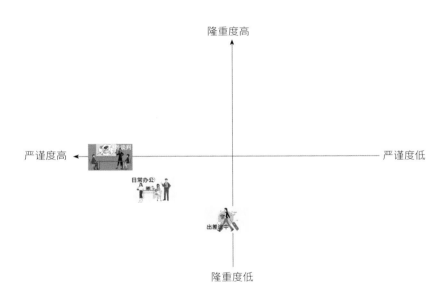

晚间社交场合：隆重度高 + 严谨度低

晚间社交场合的TPO：顾名思义，晚间社交场合的时间一定是在晚上，通常以晚上六七点钟为界。地点类型比较多，可以是非工作性质的正式场所、大型场所，比如星级酒店、宴会厅、音乐厅、会所场馆、广场等，室内外都有可能；也可以是一些小型聚会型场所，比如餐厅、酒吧、咖啡厅等，场合主要目的是社交应酬，比如参加宴会庆典、参加婚礼、听音乐会等，又比如与重要的人一起聚餐、约会等这些社交活动，只要是在晚间进行，就都属于晚间社交场合。这些场合往往会以璀璨的灯光来营造社交的氛围。这样的场合在形象上更加强调隆重度。

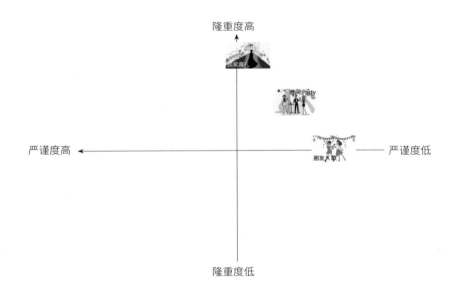

日间社交场合：严谨度高 + 隆重度高

日间社交场合的 TPO：日间社交又被称为午间社交场合。该场合的着装又常被称为"午服"。该场合与晚间社交最大的不同在于时间，特指在白天的社交活动场景，地点则与晚间社交类似，也是大型社交场所和小型聚会场所都有。场合目的除了社交应酬外，也会有集社交和商务目的为一体的场合，比如参观访问、参加开业庆典、商务聚餐等这些场景，比起参加婚礼、听音乐会等纯粹的社交场合，又多了些商务的特性。所以，我们可以把日间社交场合的形象目标视为晚间社交场合与职业场合混合而生的结果。它既强调一定的严谨度，也强调隆重度，但它的严谨度最高时仍比不过职业场合，它的隆重度再高也不会像最正式的晚间社交场合那般高。

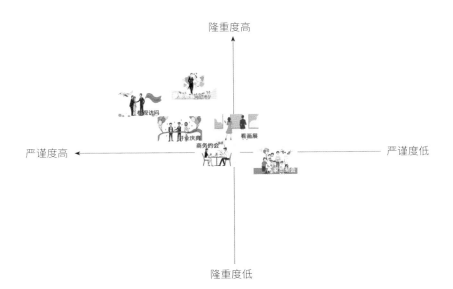

休闲场合：严谨度低 + 隆重度低

休闲场合的 TPO：休闲场合在时间上没有特别的定义，白天晚上都有可能。地点要么是偏休闲娱乐的公共场所居多，比如商场、城市街道、公园、郊外等，要么就是在自己家里、小区这类相对私密的地方。场合目的通常都是放松休闲，比如逛街、户外运动、旅游、在家看看书和听音乐，这些都属于休闲场合。这些场合往往严谨度低，同时隆重度也低。

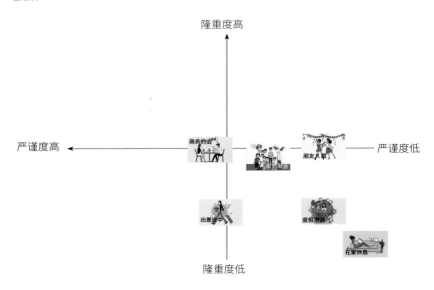

这样，我们就用严谨度的高低与隆重度的高低，组合出了四大类场合的场景氛围关键词，也同时确定了场合的着装形象目标。

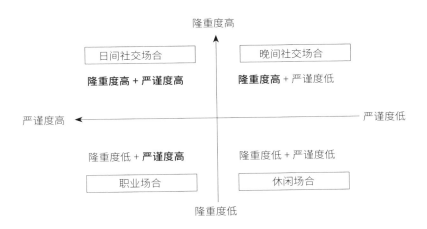

当然，我们也可以用如下一个扁平化的分类图表来表示场合分类：

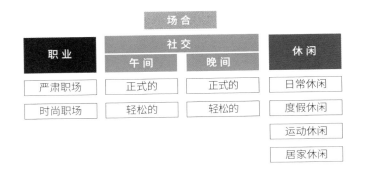

但同时要清楚，它们之间的场景氛围区别主要就是隆重度与严谨度的不同。而且，在四大分类的下面，还可以根据严谨度或隆重度的不同继续进行场合的细分。

07/

搞清楚自己的场合需求，
做到自我场合精准定位

作为一个现代社会人士，无论身份、地位如何，我们的所有场合都包含在四大类场合之中，只是每个人的具体场合会有所不同。比如，一位是40岁的金融企业女高管，一位是26岁的文娱企业女秘书，她们的场合类型和场合形象需求必然会有很大不同。

所以，我们要根据自己的实际情况，先做好有针对性的、全面的、相对精准的场合定位。所处地域环境的不同、年龄段的不同、职业的不同、职位的不同等因素，都会导致我们每个人的具体场合形象需求不同。

有些人可能四大场合的需求都会有，但有些人可能只有其中的三大场合甚至两大场合的需求。比如一个自由摄影师，即使在工作时也是穿着休闲装为主的，那么他的衣橱里可能就不太需要偏严谨感的职业场合着装。再如一个生活在四五线城市的人，可能不太会有非常隆重的大型晚间社交场合的着装需求。

另外，即使在同一大类的场合中，有些人可能需要表达的正式感强一些，而有些人则可能需要表达轻松感多一些。我们可以理解为，每一大类的场合中，因为严谨度和隆重度的不同，会有档位高低的区别。有些人的场合需求档位偏高，有些人的偏低。比如前面提到的 40 岁金融企业女高管和 26 岁文娱企业女秘书，她们的职业场合形象需求就有很大不同。前者的职场形象可能要更加强调严谨感、正式感，所以定位应该偏职场中的高档位；而后者可能在兼顾严谨度的同时，要更凸显时尚感与年轻感，所以定位在职场中的中低档位即可。

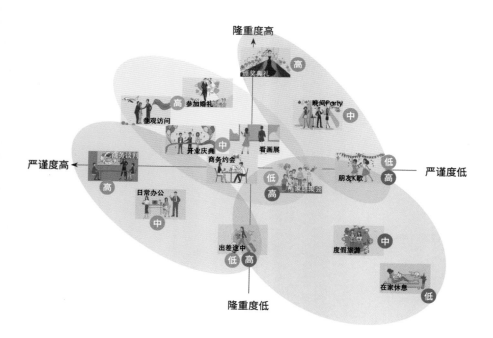

对于更多的普通人而言，三大正式场合中的高档位场景需求，往往占比较少，更多的正式场合需求往往集中在中档位。而三大正式场合的低档位与休闲场合的高档位逐渐相融时，其实也就没太大必要区分场合分类了。比如和家人朋友晚上一起聚餐，你可以认为这是非常轻松的晚间社交场合，也可以认为这是个小有隆重感的休闲场合。这样的场合本身就是在两大场合的交界之处，归为哪边其实都不算错，只要我们清楚这个场合具体的场景氛围和形象目标就可以了。

读后思考作业

请根据现阶段自己的实际情况，分析一下自己的场合需求定位。看看自己是不是四大场合的需求都有？看看在每一大类场合中，自己的场合细分会有哪些？哪些档位的场合需求会更多一些？

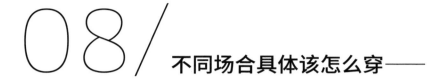

08/ 不同场合具体该怎么穿——

四大场合着装规则

08
-1

如何穿出职业感——

"通勤场合"穿搭宝典

对于大多数成年人而言，在四大类场合所投入的时间占比，往往是职业场合最高。每周的 7 天当中，我们有 5 天在工作，所以职场中的着装形象是很重要的。另外，由于行业、职业的不同，我们对职场的形象需求又各有不同。所以，需要对职场着装规则进行区分、更加细化，以便每个人都能从中找到正确的职业形象表达。

如果把所有行业的职场氛围都罗列出来的话，应该是形形色色的。但也可以简单地理解为有些行业的职场氛围更加严肃和严谨，而有些行业的职场氛围更加轻松自由。当然也有居于两者的中间状态的。

不同行业的职场着装分析：

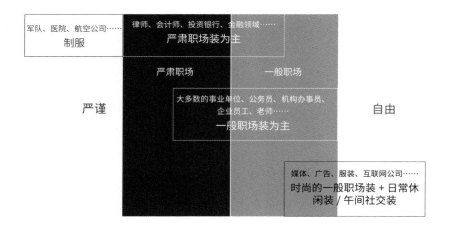

军队、医院、航空公司……
制服

律师、会计师、投资银行、金融领域……
严肃职场装为主

严肃职场　　　　　一般职场

大多数的事业单位、公务员、机构办事员、企业员工、老师……
一般职场装为主

严谨　　　　　　　　　　　　　　　自由

媒体、广告、服装、互联网公司……
时尚的一般职场装 + 日常休闲装 / 午间社交装

第一种类型：比如军队、医院、航空公司等这些行业通常跟国家权力或者跟人的生命紧密相关，所以对形象要求有非常统一的辨识度。这些行业的从业者往往需要穿制服，因为制服具有身份标识的作用。你一看见，就会觉得对方有权威感和可信赖感。比如你迷路了，心很慌，突然看到一个身穿警察制服的人，你可能瞬间就觉得安全了，并立刻向他寻求帮助。这就是制服的作用。制服都是特别统一定制的，所以这一类型的行业，他们的职场着装不在本书所讨论的范畴。

第二种类型：比如律师、会计师、投资银行、金融领域等跟金钱打交道比较多的行业。大家要知道，越靠近金钱的行业穿着越要给人安全感。这个类型的职场形象需要特别能体现专业度和严谨度。所以这类行业对职场着装形象有着比较严格的规则要求，以我们所说的严肃职场装占主导。当然，他们也会有一些略有轻松感的工作场景，这时可以穿着一般职场装。

第三种类型：比如一般的企事业单位员工、公务员、政府机构的办事员、学校的老师等。这类单位一般不会有严格着装规定，通常只会要求不穿奇装异服，要穿得体等。这种泛泛的着装印象描述，与上述第二种类型截然不同。第二种类型的行业领域往往对职业场景有更加具体化的着装要求描述。

但第三种类型的职场，会比较强调在一定职业度的基础上表达更多的集体融入感，也就是说，最好向大多数同事上班穿着状态去靠拢。所以，企业领导的职场穿着往往会引导整个企业的职场着装状态。而且这些单位的工作往往需要和人打交道，因此需要既体现职业感，还不能有太强烈的距离感。所以，一般职场装，也就是时尚通勤装，是这类型行业的职场首选。当然，在一些特别需要严谨度的场合，也可以穿严肃职场装，比如正式的商务谈判场合。

第四种类型：比如媒体、广告、服装服饰、互联网公司等创意型行业。在这类行业中，大家更希望表现的是自由、创意与时尚。所以，这类行业对个性化的着装表达接受度较高。这些行业要么会穿一般职场装中更偏时尚感、更有轻松感的衣服，要么可以直接穿日常休闲装或者有一定装饰感、轻松感的日间社交装。这些行业从业者的上班着装可能就不宜在我们所说的职业场合中去找了，在休闲场合或日间社交场合中去找更为合适。

大家可以想一想，自己所在的行业，属于哪一种类型？同事们普遍的穿着是怎样的？您自己是不是穿得比较符合行业形象以及您所在单位对职场形象的要求呢？

如果您从事的是第二种或第三种类型的行业，那么接下来对于职业场合着装的学习，您就需要更加关注了。因为，这是我们必须要了解和掌握的。

职业场合：相对"个性"而言，更强调"共性"

通勤场合，是一个相对个性而言更加强调共性的场合。在这个场合穿对服装，很大程度上会有助于你的工作，会帮助你增加在工作中的自信度。所以，希望大家可以掌握这个场合的着装要领。

还记得前面强调过的要按照我们的场合逻辑推导公式去推导出场合规则、着装结论吗？那么，接下来我们尝试着推导一下通勤场合的着装规则。

我们要根据TPO明确场景氛围。这里当然会因为具体行业、职业、职位情况的不同，而有不同的具体场景氛围表达。可能是商务谈判场景，也可能是在公司的办公场景，但总体而言，这个场合想输出的形象目标应该是有一定严谨度的、有职业化感受的。只不过对严谨度的表达有的时候要求强烈，而有的时候可能只是稍有严谨感就行。我们可以把职业场合总体的形象目标设定为严谨的、职业的。

场合规则 = 配置规则（类别组合）+ 元素规则（颜色、款式、材质）

场合着装规则，包括配置规则（类别组合规则）和及元素规则（形色质规则）两大部分。每个场合的着装规则，主要是针对这两个方面做出的规定。

职场的形象目标是严谨的、职业的，女性在这个场合不宜过度突出女性化的特质，而是应该表达：作为女性，我的工作能力跟男士一样强，因此应该是比较中性化的。另外，个人的情感在这个场合其实也不重要，这个场合更加强调共性关系与共性特征，所以应该表达的是越简单纯粹越好。从着装上要能整体凸显这样的特征。

来看看职场的元素规则。我们先来分析一下"形"，也就是款式的规则。职业场合的款式应该遵循什么规则呢？

第一，款式整体上应该是简约的还是复杂的？答案肯定是简约的。因为太复杂的款式会过多地流露出情感、情绪，无法体现严谨性。所以，通勤装的设计都非常简约、不花哨。

第二，款式应该更偏直线裁剪与直线的图案造型。因为直线比曲线更具有理性的特质。所以像西服、翻领衬衫、马甲、方正的公文包这些品类，才会成为职场着装中的代表性品类。因为它们都是偏直线感的款式。

第三，因为要表达一定的严肃感，所以款式不能露肤度太高，否则就不够严谨。所以，职业场合的服装款式不能太露或者太透。比如不能穿吊带装上班；职场的鞋子尽量要选择穿包脚趾的款式，光脚穿凉鞋不太适宜。

第四，服装的最佳廓形是适中合体的廓形。因为如果太紧身，会凸显女性化的特征，这跟职场想表达的职业感是相矛盾的。相反，如果廓形整体太宽松，又会显得人的状态太放松、不够利落、不够严谨。适中的合体度是最佳的。所以职场的廓形常以小 H 形为代表。

　　总体来说，这就是职场的"形"，也就是款式要遵循的规则是简约、直线、控制露肤度、适中合体。

　　我们再来看一下职场的颜色。大家会发现越是鲜艳的颜色，所表达的个性就越鲜明。而想要表达严谨的职场，是不是不应该过度突出个性？所以，职场的大面积用色应该选择中性色，也就是不鲜艳的有彩色，再加上黑、白、灰这些无彩色，这些都属于中性色的范畴。中性色是职场的主打色。

中性色举例：

最后，我们来看一下职场的材质面料规则。因为要表达严谨，与不适合用鲜艳色同理，职场也不适合用特殊感的材质。因为越是特殊的材质，越有个性表达的意味。所以，在职场更适合选择平整、精致、哑光的面料，太粗糙的和强光泽的面料是不太适合职场的。而且，偏挺括些会更能表达力度感，更能展现良好的职业能力。

以上就是职场着装规则中的形（款式）、色（颜色）、质（材质）总体要遵循的法则。而刚才我们说过，着装规则中除了"形色质"的元素规则，还包括类别组合的配置规则。

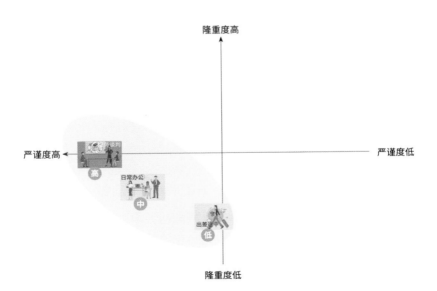

　　严肃职业场合是职场中最高档位的场景。为了表达非常严谨的氛围级别，在着装上一定要成套系地表达，这样才会显得最正式。目前国际通用的严肃职场着装标配是：西服套装（套裙、套裤都可以）＋翻领衬衫＋中跟的船鞋＋透明丝袜（裙装时）＋手拎公文包；如果有配饰，也要精致简约，白金质感的为好。所有单品的"形色质"也要遵循我们前面谈到的那些要求。总之，严肃职业场合的着装规则相对严格一些，不能轻易突破。

　　但是，如果是一般职场，也就是时尚通勤场合，它的档位就下降了，在严谨当中增加了一定的轻松度。它与严肃职业场合最大的区别是：

　　第一，"形色质"的规则可以只取其中一部分，不必那么严格遵循。当然，其他部分还是要遵循，否则就完全脱离职场氛围了。

　　第二，在类别组合时要进行拆套搭配。拆的就是刚才我们所说的标准配置。将标准配置中的类别单品们去掉一部分，保留一部分，再纳入一些原本属于休闲场合的单品进行混合搭配，就变成了较轻松的时尚通勤装。

比如保留西服，西服裙可以和西服不是一套，然后再将里面的衬衫换成简约的 T 恤。这样整体还是比较有严谨感和职业感的，但比成套搭的西服套装多了一些轻松感。

　　拆套搭的方式有很多种，这就使得时尚通勤装具有很多变化。所以很多人在应用的时候会把握不准，有时候为了增加轻松感，一下子穿得太轻松了，完全变成了休闲装。这里教给大家一个要诀，即时尚通勤场合着装是严肃职业场合的标准配置的拆套搭法。所以，不管你怎么变、怎么搭，最终一定要有职场标配里那些品类的痕迹在。如果完全不见那些品类了，参与搭配的全部是休闲装的品类，那结果肯定就跑偏了。另外，要就通勤场合"形色质"规则进行管控。记住，元素规则（形色质规则）与配置规则（类别组合规则）是同时进行的。

　　比如可以在保留西服的同时，用简约精致的 T 恤或者针织衫替换衬衫作为内搭。又如可以用简洁的风衣替换掉西服，作为外套与衬衫进行搭配。再如可以选择一条衬衫款连衣裙加公文包进行搭配。又或者可以保留

职业 / 通勤场合：

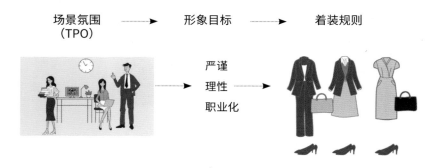

场景氛围 ━━━━▶ 形象目标 ━━━━▶ 着装规则
（TPO）

严谨
理性
职业化

衬衫和西服裙，加一件简约的针织开衫进行搭配……类别组合的方法有很
多，所以最后的着装方案可有很多不同的选择。

　　以上就是职业场合的着装规则。希望大家在理解的基础上，用推导的
方式去得出结论。从最源头的 TPO 场景氛围开始分析，导出职场的形象
目标是要有一定的严谨度、理性感、职业感。接着根据形象目标，更好地
理解职场着装规则。因为这些规则都是以完成职业形象目标为导向的。最
后，我们要把握好规则，灵活应用，输出我们最终的着装方案。这就是职
业场合着装的整个推导应用过程。

通勤场合着装规则

1. 元素规则：
款式：简约、偏直线、适中合体、
　　　控制露肤度
色彩：中性色为主
面料：精致、平整、弱光泽、偏挺括

2. 配置规则：
严肃通勤：西服套装
　　　　　+ 衬衫
　　　　　+ 中跟船鞋
　　　　　+ 公文包
　　　　　+ 少而精的配饰
时尚通勤：在严肃通勤装的基础上各种拆
　　　　　套搭

读后思考作业

请根据自己的职业、职位，对自己的职场着装进行分析。想一想目前自己的职场着装穿搭是否符合着装规则？还可以有哪些改进？

08
-2/

如何穿出女神范儿——

"晚间社交"穿搭宝典

如果说职业场合是所有场合中最需要克制的场合，那么晚间社交场合就是所有场合中最绚丽的场合。如果说我们塑造的社会角色中有"女神"这一角色，那么晚间社交场合一定是这一角色的最佳塑造场景。这大概就是晚间社交场合的最与众不同之处。

在很多影视剧中，当主人公要华丽变身，由丑小鸭变成白天鹅时，故事的情节往往会发生在一个晚间社交场合。精美的妆面与华丽的衣饰让女主角秒变"公主"、秒变"女神"。

当然，"公主""女神"也不是那么好当的。你会发现在这个场合，由于穿得太令人瞩目了，所以言行举止需要格外小心，否则，就会破坏"公主""女神"的人设。你的坐姿、走姿，甚至你的微笑都要特别符合礼仪标准。所以从仪态上来说，这个场合需要人保持向上挺拔的感觉，彰显高贵典雅的气质。

晚间社交的 TPO：一定是时间在晚上的社交活动。所以它所处的地点，无论是在室内还是室外的社交场所，无论是大型还是小型场所，都会有灯光效果的营造。在晚间灯光的照射下要想被看到，着装就一定要有比

较华丽醒目的反光特质。而且，这个场合通常是以交往应酬为目的的，所以比较强调个性化。

因此，在晚间社交场合，形象目标往往要突出一定的隆重度与醒目感。这里的醒目感，应该是得体的醒目感。

为了达成隆重的、醒目的形象目标，我们就有了相应的晚间社交着装规则。同样，我们分别从元素规则（形色质规则）和配置规则（类别组合规则）来进行分析。

先来分析晚间社交的元素规则。首先来看款式特征：

第一，款式应具有一定的露肤度，因为在这个场合露肤也是隆重度的一种表达方式。一方面是因为晚上不像白天的职业场合那样严肃，而且在皮肤的映衬下，闪闪发光的各种配饰也会显得更加醒目与隆重。另一方面，一定的露肤度会更加凸显女性化的特质，而这正是晚间社交的要点之一。所以，晚礼服一般都是无袖、领口较深或者露背的款式；如果款式不怎么露，材质也会是比较通透的，透等于露。晚间社交的鞋子一般也是露脚趾的细高跟凉鞋。

第二，款式要修身、合体度高，能凸显女性的曲线美。一般来说，收腰的款式比较多见，因为它比较凸显女性化特质。所以晚间社交中具有代表性的常见廓形是 X 形。

第三，款式可以有一定夸张度或复杂度，多装饰。当然，这条规则没有那么绝对，简单一点的款式也可以。款式的前两条规则更重要一些，这条只是作为参考。由于这个场合的形象目标是要表达隆重、醒目，所以适当增加夸张度会让你更加醒目、隆重。在晚间隆重社交场合往往要穿大晚礼服裙，裙子的样式比较夸张，裙长至少会长到拖地，有的裙摆还又大又长，这种款式真的是非常醒目了。

其次，我们来看晚间社交的色彩规则：

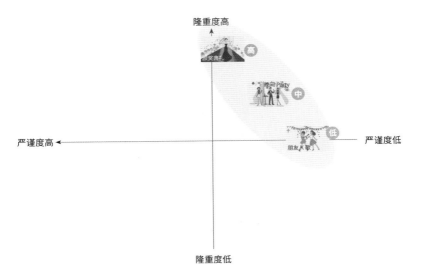

晚间社交其实对于女士的着装色彩并没有什么特别要求，所有色彩理论上都可以穿。而这个场合对男士着装是有非常明确的色彩要求的。在隆重的晚间社交场合，男士往往会要求统一着黑色的礼服套装，里面配白色礼服衬衫再加领结。男士都已经这么统一了，女士反而可以穿得更加绚烂多彩一些。

相对色彩规则而言，大家更要注意把握材质的选择。晚间社交的整体搭配一定要体现光泽度。这应该是一个人所处所有场合中最闪亮的一个场合。因为有光泽，才能突出隆重度，才够醒目。不管你的个人风格、长相如何，在这个场合都可以化浓一点的妆面，这种妆面让人能够驾驭较强的光泽。当然，有光泽不代表全身上下都闪闪发光。如果衣服没有光泽，但是鞋子、包包有光泽也是可以的；而且光泽不一定要非常强、非常闪，中度光泽也是可以的。只要不是全身上下完全暗淡无光就行。

以上就是晚间社交整体上的"形色质"规则。要闪、要露、要修身合体，展现女性化特质。

晚间社交场合对于绝大多数职业女性来讲，往往不是一个需求量最大的场合。因为普通职业女性还是在职场与日间社交场合更多。晚间社交活动毕竟不会像工作一样天天都有，所以对于晚间社交的类别组合，我们只要记住几种固定搭配也就够用了。

当然，一些轻松的晚间小社交场合相对会比隆重的晚间社交场合出现的概率要大一些。

晚间社交场合的类别构成相比其他场合来说，是类别最少的一个场合。隆重的晚间社交场合（高档位）的类别组合，要穿拖地的大晚礼服裙，搭配露脚趾的细高跟凉鞋，拿手抓包。至于其他的配饰，如项链、戒指、耳饰这些珠宝类首饰，可以酌情搭配。

这是隆重晚间社交场合的典型品类组合。在一些颁奖典礼，明星走红毯时往往会穿着这类礼服。还有一些大型晚宴、大型的晚间庆典活动，也

可以穿着晚间大礼服。

　　而偏轻松一点的晚间社交场合（中／低档位），则可以穿着晚间小礼服。晚间小礼服与晚间大礼服之间最大的区别，就是裙长变短了，款式没有那么夸张了。由于夸张度降低了，隆重度和醒目感也会随之降低一些。小晚礼服裙长一般在膝盖上下。除了这一点变化，其他类别基本上与大晚礼服一样，一样搭配露脚趾的细高跟凉鞋，拿手抓包，可以佩戴其他配饰。另外，如果觉得自己胳膊粗，或出于保暖考虑，还可以加上披肩。这就是晚间小社交的典型搭配。当然，可以在这个基础上，再去演变一些其他的品类组合方式。比如不用连衣裙，而用上下分身的款式类型。上面可以穿吊带式背心，或者透明纱质的衬衫、小衫，下面再搭配半身裙。再如可以穿着裤装，但是裤装也要能体现曲线美，最好是喇叭型或者比较紧身的裤子，又或者面料比较闪的裤子。总之，依旧不能打破晚间社交的基本规则。

晚间社交场合：

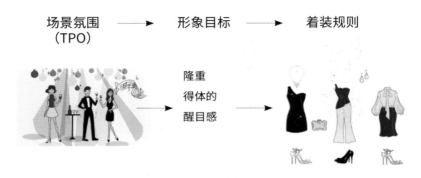

场景氛围 ——→ 形象目标 ——→ 着装规则
（TPO）

隆重
得体的
醒目感

　　大家可以看出，轻松的晚间社交场合在规则上比隆重的晚间社交场合更具灵活度，可以选择对部分规则保留执行，对部分规则可以打破。比如轻松晚间社交可以穿不露脚趾的鞋子，但是鞋子依然要跟高、要闪。这就是部分规则保留执行，部分规则打破的结果。像晚间的小酒会、晚间的聚会，都可以做适度的调整。这样的场合，不妨把白天的某些衣服稍做混搭调整，再加点配饰，是可以转场来到晚上的这种场合。

　　以上就是晚间社交着装的逻辑推导过程：我们从最源头的 TPO 场景氛围开始分析，导出晚间社交场合的形象目标是要有一定的隆重度、要有得体的醒目感、要华丽。接着根据形象目标，我们就能更好地理解晚间社交的相应规则了。要紧身合体，凸显女性美感；要有一定露肤度，及一定的夸张度、装饰度；要有光泽感的体现。这些规则都是以完成晚间社交隆重的形象目标为导向的。最后，根据不同的晚间社交场景氛围，我们把握好规则，灵活应用，输出我们最终的着装方案。这就是晚间社交场合着装的整个推导应用过程。

晚间社交场合着装规则

1. 元素规则：
款式：修身合体、女性化的曲线感、
　　　有一定露肤度
色彩：不限制
材质：精致、偏强光泽

2. 配置规则：
隆重晚间社交：大晚礼服裙
　　　　　　　＋露趾细高跟鞋
　　　　　　　＋手抓包
　　　　　　　＋珠宝配饰
轻松晚间社交：小晚礼服裙 / 拆套晚礼服
　　　　　　　＋细高跟鞋
　　　　　　　＋手抓包
　　　　　　　＋珠宝配饰

读后思考作业

你的生活场景中有没有晚间社交场合的
需求？你是穿着晚礼服出席的吗？你的
晚礼服具体属于哪一种类型呢？如果是
去参加晚间同学聚餐，你大概会怎么
穿，理由是什么？

08

-3/

如何穿出优雅得体感——

"日间社交"穿搭宝典

在四大类场合中，场合形象塑造难度最大的，应该要数日间社交场合了。它不像职业场合那么强调严谨度，也不像晚间社交场合那么强调隆重度、华丽感。日间社交是一个特别需要拿捏有度的场合，它有一定严谨度，但又不是极度严谨；它也隆重，但又不似晚间大社交那般隆重。可以说，日间社交所要表达的形象，正是介于职业场合和晚间社交场合之间的混合地带。这也是日间社交场合比较难把握的一个主要原因。

　　正因为这样，有些服饰体系中并未出现或者强调日间社交的概念。他们在社交场合中不太强调晚间和日间的区别。要么可能会把日间社交场合合并到职业商务场合中去，要么可能将其合并到晚间社交场合中去。但这样的归纳我个人认为是有问题的，日间社交场合有它单独存在的意义，不应与其他场合在概念上发生混淆。

　　其实我们每个人都可能会有日间社交场合需求。但这些场景又不像职场或者晚间社交有那么明确的着装规则，所以容易被忽视或者掌握不好。而且日间社交的场景，表达类型不像晚间社交或职业场合那样纯粹，表达类型相对较多。所以在实际应用时，会有比较多的细节调整需求。

　　在白天的社交活动中，有一些纯粹以应酬社交为目的，比如一些大型的日间庆典活动，或去参加婚礼、去听音乐会……这些场合为了表达社交的一面，会比较突出隆重度。但是再隆重，它也是在白天，肯定不能像晚上那样华丽隆重地表达。所以相对晚间社交，日间社交多少还是需要有严谨度体现的。

还有一些日间社交活动，不是那么纯粹以社交应酬为目的。比如比较正式的参观访问、拜会、参加论坛、参加某个公司的开业仪式……这些场合是社交场合没错，但往往还带有一些商务性质，所以它相对前面说的那种纯粹的社交活动，氛围就显得更加严谨一些。但它比纯粹的职业场合还是多了许多社交感、隆重感。所以需要把握好尺度。

总之，日间社交是既强调隆重度，又强调严谨度的场合。只是根据具

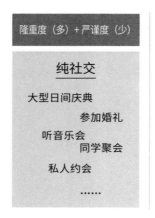

隆重度（多）+严谨度（少）

纯社交

大型日间庆典

参加婚礼

听音乐会
同学聚会

私人约会

……

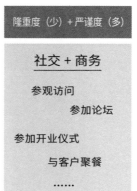

隆重度（少）+严谨度（多）

社交 + 商务

参观访问

参加论坛

参加开业仪式

与客户聚餐

……

体场景，两者的比重会有所不同。所以，这两类日间社交在具体的着装规则中也会各有侧重。

另外，即使是纯粹的日间社交活动，也会有更加隆重一些、还是略微轻松一些的区别。比如大型庆典活动就要更加隆重一些，家庭聚会或者同学聚会等私人约会就会非常轻松。它们要表达的形象目标一定是不同的。

当然，社交＋商务的场合也一样，有更正式一些的，也有更轻松一些的。像参观访问、参加论坛这种会相对更正式；像跟客户喝下午茶顺便谈谈合同这种的，就相对要轻松一些。

所以，大家要注意在日间社交这个大场景下，具体场合的氛围是怎样的。相应的着装规则需要根据具体情况来进行调整。

接下来，我们依然用推导法来对日间社交的着装规则进行具体分析。

正如前文所说，日间社交场合的 TPO 场景氛围，其场景细分的类型很多。但是它也有一个总体的规律，首先，时间上一定是在白天，上午或下午都有可能。白天的活动就意味着比晚间社交要严谨一些。其次，地点上会比较多样化，室内、室外都有可能，但通常会在偏公共的社交型场所，比如会场、展馆、酒店等。另外，不管是否带有一定商业目的，一定会有交往应酬的目的在。

所以，根据TPO分析，日间社交的形象目标可以总体上归纳为：既需要表达隆重的印象，又要表达严谨的印象，而哪个比重更大一些，要根据具体情况而定。另外，比起晚间社交要表达的女神范儿，日间社交往往需要更加得体优雅的形象塑造。

那么，根据这样的形象目标，日间社交的着装规则应该如何设定呢？同样，我们分别从"形色质"规则和类别组合规则来看。

首先来看款式特征：先来分析日间社交场合的元素规则（"形色质"规则）。

第一，需要控制露肤度。因为它比晚间社交要严肃一些，所以基本上都是有领子、有袖子的款式。而且越正式的日间社交场合，越会穿到一些正式的套装，或是有领、有袖的连衣裙。鞋子则以不露脚趾的高跟船鞋为宜。

第二，因为要表达一定的隆重度，所以款式上需要一些装饰性的表达。比如领子会有些装饰边，内搭衬衫会有蝴蝶结、飘带结。还可以在搭配的时候加上丝巾或者胸花。船鞋的鞋面上会有一定装饰花形的扣袢。

第三，因为要表达比较正式、比较优雅的特质，所以廓形上一般比较合体，比较凸显女性的曲线。当然，不会像晚间社交那样突出，但一定会比职业场合更合体一些。所以日间社交的廓形中，会常见X形、小H形。

这三点就是日间社交着装款式的特点。

我们再来看颜色：

日间社交着装对颜色没有绝对的要求，什么样的颜色理论上其实都可以。但由于日间社交的场景氛围往往以温馨感居多，所以在日间社交的着装用色中，偏浅且偏柔和的颜色往往使用概率会更高。

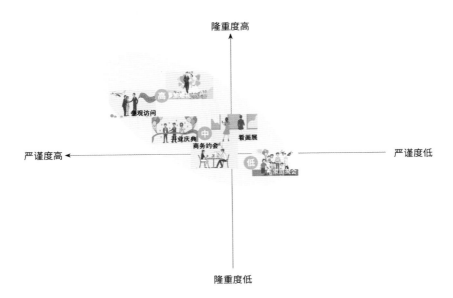

关于材质，日间社交因为要表达社交特性与隆重感，所以材质上可以出现一些略微华丽的效果变化。日间社交也适合用到有光泽的面料，也可以在纹理效果上加一定光泽度。当然，日间社交的光泽一定比晚间社交的光泽要弱一些。毕竟白天和晚上的光线效果是不一样的。如果用的光泽度过强，在白天会显得很刺目，从而失去得体感。

以上是日间社交场合"形色质"的总体特征。我们再来看日间社交场合的类别组合情况。

日间社交可分为相对更正式的日间社交与相对轻松的日间社交。更正式的场景要求也会相对严格一些，从着装上要更能表达正式感。所以，正式的日间社交场合最主要的品类组合有两种：一种是具有一定装饰感的午服套装，另一种是外穿式连衣裙。

要注意，这里的套装跟通勤场合的西服套装是不一样的。它比通勤场合的西服套装多一些变化，或者多一些装饰。比如领子是弧线形的，或者

面料有花纹、有光泽，或者衣服的门襟底摆有装饰边……而且午服的套装不一定是上下套，可以是连衣裙加外套的内外套，也不一定有内搭衬衫的形式。裙套裤套都可以，但裙套更加常见，因为它更能体现女性优雅的气质。

再来看连衣裙。正式日间社交所用到的连衣裙，通常收腰放摆，比较合体，而且有领、有袖，有一定严谨度。面料材质不会太薄太飘，会有一定质感。

不管是套装还是连衣裙，在正式日间社交场合都会搭配包脚趾的高跟船鞋与小手拎包。即包体比较小巧、包带比较短又有一定装饰度的包。另外，也可以拿手抓包。但日间社交的手包一般比晚间社交的手包稍微简约一点。

另外，如果需要，还可以增加一些富有装饰效果的配饰。日间社交的主要配饰有丝巾和胸花、胸针等。这些都是比较适合在日间正式场合用做装饰、发挥提亮效果的。

当然，在用到这两种类别组合搭配时，大家要注意具体的场景氛围是前面我们说过的哪种类型。是纯社交的？还是社交和商务混合的？因为这两种类型中都会有比较正式的情况，需要用到午服套装或者连衣裙。但因为氛围有所不同，所以具体在"形色质"法则的应用上，要注意有所区别。

在纯社交的类型里，整体着装搭配的装饰性更强，比如可以戴装饰感明显的礼帽，但如果是偏商务社交的话，过于华丽的帽子就不适合了。日间商务社交中，无论是套装式还是连衣裙式，都要更加含蓄一些，装饰也要简约一些。大家要注意这两种类型的区别，它们的类别组合形式规则基本上是一样的，只不过在装饰度上有所不同。

说完了正式的日间社交场合的类别组合，我们再来看轻松日间社交场合的类别组合。它和严肃职场与时尚通勤场合的情况类似。其实，轻松的日间社交场合，就是在正式日间社交场合的类别组合基础上，来做各种拆套的搭法。

日间社交场合：

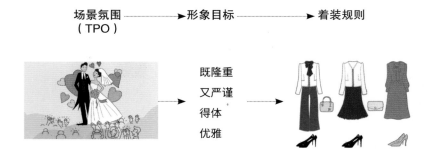

可以采取把套装上下或者里外拆开的方法来穿搭，还可以用衬衫加半裙；以及其他多种处理形式。要想更加表达轻松感，还可以混搭一些休闲元素进来。比如可以用针织衫来搭配连衣裙。连衣裙也可以有更正式一些或者更轻松一些的变化。但总的原则是，一定要保留部分日间社交的类别痕迹，否则就彻底脱离这个场合了。

我们从场景氛围推导出形象目标，再推导出相应的着装规则。这样我们对日间社交场合的着装规则就不是死记硬背的，如此一来我们设计出具体着装方案的时候，心里也更加笃定。

日间社交的着装印象，是职场和晚间社交的混合印象。相比其他场合，不那么容易理解和掌握。大家在做具体方案时，可能时而跟通勤场合混了，时而又跟晚间社交场合混了，甚至会跟休闲场合混了。但是只要把握住大的原则，按照推导公式去理解，就不容易出大的问题。

日间社交场合着装规则

1. 元素规则：
款式：修身合体、女性化的曲线感装饰、
　　　控制露肤度
色彩：不限制
材质：精致；有一定光泽，但不要太强

2. 配置规则：
正式日间社交：午服套装 / 午服连衣裙
　　　　　　　　+ 细高跟船鞋
　　　　　　　　+ 小手拎包 / 手抓包
　　　　　　　　+ 胸花等配饰
轻松日间社交：在正式日间社交装的基础
　　　　　　　上各种拆套搭法

读后思考作业

你的日间社交场合如果细分的话，都包括哪些情况？你觉得结合自己的情况，这些场合分别应该如何穿呢？尝试用杂志图片或者网络图片，为自己设计几套日间社交场合的搭配方案吧！

08
-4/
如何穿出自在洒脱感——

"休闲场合"穿搭宝典

在谈到场合着装时，我们通常更加强调三大正式场合，即通勤、晚间社交与日间社交。因为这三个场合相对比较正式，规则也相对严格，大家也普遍对这三个场合更加重视。

有一句话叫"女人的衣橱中，永远缺少一件衣服"。大家可以想一想，缺的那件衣服往往会是什么场合的？从大概率上来说，应该是三大正式场合中的衣服。休闲场合的衣服通常不会缺，只会多。很多职业女性衣橱当中连标签都没来得及摘的衣服，通常都是休闲装。其实按照实际的生活场景比例分配，休闲场合的占比远没有上班时间和社交时间多。但是我们能看到、接触到的休闲场合衣服品类及表达方式实在是太多了，所以看见好看的就想买。至于买回来有没有时间穿，根本就没考虑。所以，这里提醒大家要思考甚至计算一下，自己的各个场合服装的比例配置究竟是怎样的？

接下来我们来探讨一下休闲场合着装规则。大家可能会觉得这没什么好讲的。因为休闲场合相比其他场合，似乎不用遵守什么规则，想怎么穿都可以，所以可以不必学。另外，休闲场合的着装类型实在太多了，没法很好地归纳总结。所以，是不是不用太管休闲场合的问题？

的确是这样。但还是要拿出单独一节来讲一下休闲场合。因为很多人在穿轻松社交装或是时尚通勤装的时候，一不小心就穿成了休闲装。可见大家对休闲场合可能缺少明确的判断，不知道它跟其他场合的界限在哪里。所以还是有必要了解一下休闲场合的基本规则。

很多人一方面经常穿休闲装，另一方面却又觉得休闲装没那么重要。在这里首先强调一点："休闲绝不等于邋遢。"

"休闲"不等于"邋遢"

有些人觉得，休闲场合不就是可以穿得很随意、很随便的场合吗？反正又不用见什么重要的人，就真的穿得非常随便，以至于跟在正式场合的形象比起来显得非常邋遢。大家可以仔细想想，休闲场合除了自己独处的那些场景，如果是和别人在一起，那会是些什么人？是不是与自己最为亲密的人呢？你是不是跟家人一起在家休息？跟朋友一起逛街？跟家人、朋友一起去旅游？如果不注重休闲场合的形象，毁的可是你在你最重视的亲友眼中的形象！想想多么不划算。

其实，正因为休闲场合不像其他正式场合的规则那么严格，所以这个场合反而是展示个性化美感的重要场合，也是最能体现你个人搭配功力的一个场合。如果一个人的休闲装都很难搭配得好看、很难穿出美感的话，那么很难指望她在其他场合的着装能有多精彩。因为休闲场合的品类、元素是所有场合中最多、最丰富的，所以搭配效果也可以非常多样化。大家可以检视一下自己：如果你自认为着装搭配能力还不错，最擅长的场合应该当属休闲场合了吧？

所以对于休闲场合，大家同样是要足够重视。当你一方面能把休闲装穿搭得很好的时候，另一方面又掌握了所有场合的着装规则，你会发现自己变得像开了挂一样，整体都变得时尚且富有美感。所以，休闲场合着装同样重要。

接下来，我们依然用推导法来对休闲场合的着装规则进行分析和讲解。

休闲场合的场景氛围比较多样化。它可以再细分为日常休闲、度假休闲、运动休闲、居家休闲等。氛围比较多样化，但整体上看还是有一些共性特征。

首先，休闲场合的时间没有特别的指向，白天、晚上都有可能。其次，地点也有很多种。室内外的、大型小型的、公开或私密的休闲场所都会有。日常休闲往往在一些有很多陌生人的公共休闲娱乐场所，比如商场、城市街道、游乐场、电影院等诸如此类的地方。度假休闲就更多了，会在很多的旅游胜地、度假场所等。运动休闲的场地跟运动项目相关。居

家休闲的地点就是在家里或者家所在的小区附近。休闲场合的具体目的也分很多种，但共性是都不以工作为目的，更多是为了放松、为了娱乐、为了健康或者为了释放心情、调整情绪。

综合分析休闲场合的TPO，我们不难得出休闲场合的形象目标。不管它会不会掺杂一些其他目的，但基本不变的目的是要能体现放松、随意。

要表达放松、随意的状态，着装规则应该是怎样的呢？

首先来看休闲场合的"形色质"规则：

什么样的款式是放松的？当然是有一定宽松度的。所以休闲场合的着装，在整体搭配中要能体现一定宽松度。宽松的廓形、比较松垮的领型，都是放松的体现。所以，休闲场合比较有代表性的廓形是大H形，大O形，即茧形，还有大A形。除此之外，长长的包带、松垮的包型、平底鞋等也都是放松的体现。

在那些正式场合中，往往衣服有领子、有袖子，就越能体现正式感。反之，越是无领、无袖的款式，就越能体现休闲的放松感。比如一件套头的圆领T恤，一定比一件Polo衫显得更加休闲。

还有，拆套搭配比成套搭配更能体现放松感。虽然休闲装中也有休闲套装，但更多的时候，如果想要表达休闲放松，应该先想到拆套搭。

当然，这些规则无须同时执行，只要具备一条就会靠近休闲放松多一点；如果同时具备，就会非常有放松感。

至于款式是简约还是复杂，是直线还是曲线，都没太大关系，因为这些跟放不放松没有必然联系，与风格的关系更大一些。

以上就是休闲场合选择款式的规则，主要强调要有一定放松度。

关于休闲场合的颜色，那更是什么都可以，完全不受限制。

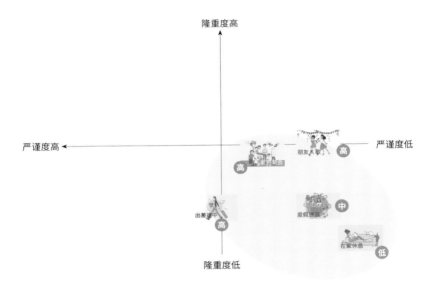

　　休闲场合的材质，理论上也没什么限制和要求。但休闲场合的形象目标要放松、随意，所以大家可以想象一下，什么样的材质表达更加能体现放松、随意？那就是粗纹理的面料。所以在同类型面料中，如果选择稍有纹理的，就会显得更放松一些。比如类似的基本款棉麻衬衫，如果是精纺的棉麻，织纹比较细和平整的话，就会显得更正式一些；如果是纹路粗糙一些的棉麻衬衫，就会显得更加随意。所以，粗纹理的东西特别能体现休闲味道。比如棒针毛衣、破洞牛仔裤、草编的包包等。

　　总之，从整体"形色质"规则来说，休闲场合的要点是：廓形要宽松、细节处理手法要放松、尽量拆套、材质可以粗糙。

　　至于休闲场合的类别组合，就真没什么绝对套路可言了。因为可以组合搭配的类别实在太多了。它不像其他三个场合，其中最正式的那个档位，一定是有固定的标准配置的。休闲场合属于非正式场合，所以没有固定的类别组合规则，也可以理解为即便是有，也是有很多种。

其实，只要有典型的休闲场合品类参与搭配，就一定会产生休闲场合的印象和感受。毛衣、卫衣、T恤、夹克、牛仔衣、牛仔裤、麻质的宽松的大裙子……这些都是具有休闲基因的品类，都能带来放松、随意的感受。

休闲场合着装规则

1. 元素规则：
款式：宽松的廓形、体现放松感的细节
色彩：不限制
材质：可以有粗纹理

2. 配置规则：
无固定的类别组合，以典型的休闲品类进行搭配即可

第3章

要满足所有场合，
多少件衣服才够——

场合衣橱的必备品类清单

09/

有紧急活动要出席，
你能迅速从衣橱里找到
穿搭吗

"女人的衣橱里永远缺一件衣服"似乎是很多人的共识。

明明一直在买买买，明明衣橱里的衣服堆积如山，但不知道该穿什么的窘境仍时有发生。为何突然收到一个重要活动的邀请函，却不知道该穿什么？这是因为我们平日里并没有从自身的场合需求角度去构建衣橱。在自己不够重视的场合里，着装相对随意；一旦遇到重要场合，就突然发蒙不知道该怎么穿，往往赶紧跑去商场，临时置办一身衣服。这样缺乏统筹规划的方式，会造成时间、精力、金钱上的浪费，关键是效果还不一定有保障。

因此，我们每个人都需要构建一个科学、健康的场合衣橱。

一个优质的场合衣橱应该具备以下两个特质：

（1）每个场合的服装数量与实际上对本场合的需求占比是成正比的。

比如如果上班时间占到你生活场景的 60% 的话，那么你衣橱里的衣服应该 60% 都是偏上班可以穿的衣服，这样才是合理的。如果你休闲时间只占到你生活场景的 10%，那么你的休闲装应该控制在 10%。因为买太多的休闲装，你也穿不过来。合理的占比分配，能避免不必要的浪费，也能保障各个场合中自己丰富百变的形象。

（2）每个场合的必备品类要完整。

通过前面章节对各个场合着装规则的学习，我们发现在不同的场合，穿着的类别组合配置是明显不同的，所以每个场合都有它独有的类别清单。如果我们的衣橱里，每个场合中最有代表性的类别是完整的，那么各个场合的形象塑造就不在话下了。再有突发性的场合需求时，也能够信手搭来、应对自如。

很多时候，我们虽然买了一堆衣服，但可能都是同一类型的，能起到的搭配作用也是相似的。衣服虽多，作用却少。但如果我们买的衣服每一件都有它不同的场合归属以及不同的搭配作用，即每一件都是必备品时，那么不需要买太多的衣服，也能轻松应对各种不同的场合需求了。

所以我们需要知道，为了表达各个场景的形象需求，哪些单品是更值得我们投资、首先要选入衣橱的！

10/

为自己的生活全场景
配置必备单品

10
-1/

通勤场合的 17 件必备单品

第 1 件：西服外套

款式：简约、适中合体
颜色：中性色
材质：精致、平整、哑光

通勤场合需求占比高的朋友，可以多选几件西服外套。首先选择可以成套搭配的。这样成套搭可应对严肃职场，拆套搭又符合时尚通勤的需求。其次，可以选择略有变化感的单件西服，以适当增加职场的轻松时尚感。

搭配举例：

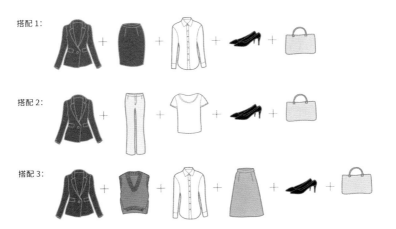

搭配 1:

搭配 2:

搭配 3:

第 2 件：西服裙（小 H 形）

款式：简约、较合体
颜色：中性色
材质：精致、平整、哑光

首选可以与西服成套搭配的。成套搭可应对严肃职场，拆套搭也符合时尚通勤的需求。

搭配举例：

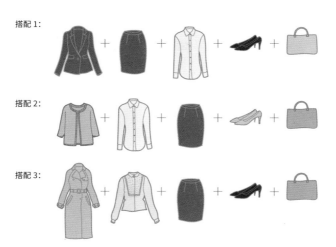

搭配 1：

搭配 2：

搭配 3：

第3件：西裤

款式：简约、小直筒
颜色：中性色
材质：精致、平整、哑光

首选可以与西服成套搭配的。成套搭可应对严肃职场，拆套搭也符合时尚通勤的需求。

搭配举例：

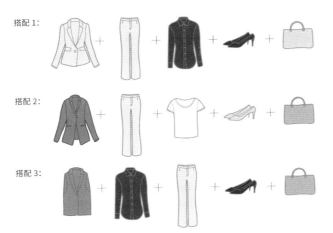

搭配1:

搭配2:

搭配3:

搭配举例：

第 4 件：衬衫

款式：简约翻领衬衫
颜色：中性色、与西服可搭出深浅色
　　　差变化
材质：精致、平整、哑光

衬衫不妨多选购几件。首先选择最简约的中性色基本款翻领衬衫，这样的衬衫既可与西服套装搭出严肃职场的效果，也可以在时尚职场搭配中用到。其次，可以选一些略有变化的衬衫类型。比如有规则几何图案的、颜色略鲜艳的、领口设计略有变化的……这样的衬衫在时尚通勤搭配中可增加变化感和时尚度。

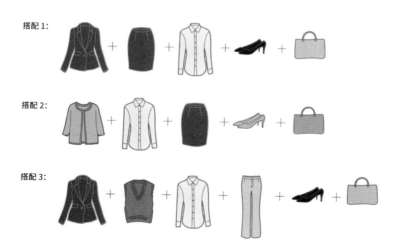

搭配1：

搭配2：

搭配3：

第5件：（有领、有袖款）连衣裙

款式：简约、翻领/西服领、有袖连衣裙
裙
颜色：中性色
材质：精致、平整、哑光

有领、有袖的直线简约款连衣裙，是
时尚通勤场合必不可少的单品。尤其
是在炎热的夏季，可多备几条，穿搭
既方便又显干练。

搭配举例：

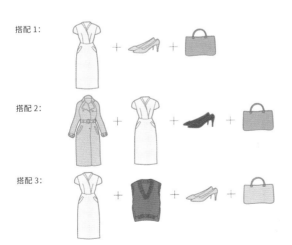

搭配1：

搭配2：

搭配3：

第6件：（无领、无袖款）连衣裙

款式：简约、较合体、无领、无袖款
　　　连衣裙
颜色：中性色
材质：精致、平整、哑光

一条简洁大方的较修身无领、无袖款连衣裙，往往是衣橱中最百搭的基本款。在它外面套上西服外套，就很通勤、很职业；脱掉外套加上一定配饰，又立刻能展现出社交感。它是忙碌的都市丽人进行场合转换的最佳单品。

搭配举例：

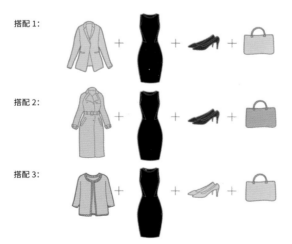

搭配1：

搭配2：

搭配3：

第 7 件：半裙（小 A 形）

款式：简约、小 A 形
颜色：中性色
材质：精致、平整、哑光、较挺括

简约的小 A 形半裙，比直筒裙多了一丝女性化的特质；在职场搭配这样的半裙会更显年轻化。注意，职场的 A 裙材质不宜太飘、太软；另外，即使出现一定褶皱装饰，也应该是较平整的压褶。

搭配举例：

搭配 1:

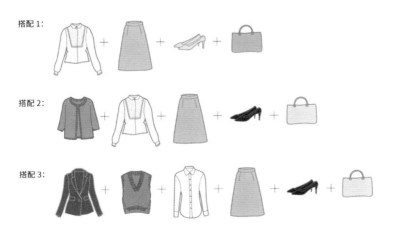

搭配 2:

搭配 3:

第 8 件：牛仔裤

款式：简约、小直筒
颜色：染色匀整的牛仔色
材质：平整、精致、不过重磨白的牛
　　　仔面料

一条精致的牛仔裤可以让时尚通勤装更具轻松感，与西服混搭尤其帅气。搭配时要注意与职场的典型品类去搭配。如果与 T 恤或针织衫搭配，则更适合在休闲场合去穿。可见它也是易于跨场合的好单品。

搭配举例：

搭配 1:

搭配 2:

搭配 3:

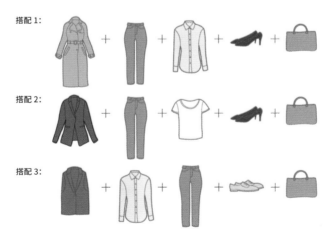

第 9 件：马甲

款式：简约、直线、西服领或无领
颜色：中性色
材质：平整、精致、哑光

简约的马甲，可以理解为是从西服拆解而来的一个类别。作为搭配时的中间层，它让时尚通勤的着装有了更加丰富的层次变化。

搭配举例：

搭配 1：

搭配 2：

搭配 3：

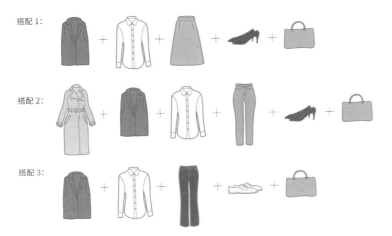

第 10 件：内搭打底衫

款式：简约、较修身、小 V 领 / 小圆
　　　领 / 高领均可
颜色：中性色或略鲜艳的颜色，关键
　　　要与外套易搭配
材质：平整、精致、哑光的背心或 T 恤，
　　　秋冬亦可是精致细腻的薄款针
　　　织衫 / 羊绒衫等

内搭的打底小衫是可以多多益善的品类。多一些颜色与领型的变化，与外套搭配便可产生更丰富的搭配效果。另外，还可以随季节变化来选择不同的材质，夏季可以是吊带或 T 恤，冬天可以是高领毛衫。

搭配举例：

搭配 1：

搭配 2：

搭配 3：

第 11 件：针织开衫

款式：简约开衫
颜色：中性色，与衬衫等其他单品易
　　　搭配
材质：平整、精致、哑光、细腻织纹

针织开衫会使人在时尚通勤场合
中增加一定知性气质，常用于与
衬衫或是与连衣裙的搭配。随季
节不同可以有厚薄的变化，根据
搭配效果所需也可有长短的板型
变化。

搭配举例：

搭配 1:

搭配 2:

搭配 3:

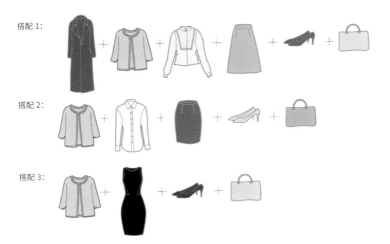

第 12 件：套头针织衫

款式：简约、V 领或圆领针织衫，也
可以是针织背心；略有宽松度
颜色：中性色为主，颜色也可稍微鲜
艳一点；可以有些许规则的几
何图形装饰
材质：平整、精致、哑光、细腻织纹

与打底衫不同，这类套头小衫或
背心是职场搭配中的中间层，通
常与衬衫领配合，能令整体搭配
更具层次感。可以在外面再加外
套或风衣、大衣，也可以作为最
外层的衣服。

搭配举例：

搭配1：

搭配2：

搭配3：

第 13 件：风衣

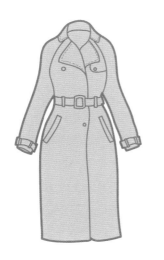

款式：简约的经典款
颜色：中性色为主，首选卡其色、驼色系
材质：平整、精致、哑光的风衣面料

秋冬的职场着装少不了风衣的参与，里面无论是搭配西服、连衣裙还是毛衫，都会非常帅气且和谐。

搭配举例：

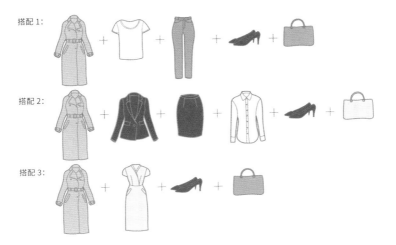

搭配 1：

搭配 2：

搭配 3：

第 14 件：大衣

款式：简约、偏直线感
颜色：中性色为主
材质：平整、精致、哑光、细腻的羊
　　　绒或羊毛面料

寒冷的冬季，在上下班的路上，
穿在最外层、最保暖的就属羊绒
或羊毛大衣了。H 形的简约款大衣
与最正式的西服套装亦可和谐搭
配。也可以再搭配围巾等配饰。

搭配举例：

搭配 1:

搭配 2:

搭配 3:

第 15 件：中跟船鞋

款式：简约、不露趾、3~5cm 高的中
　　　跟细跟
颜色：中性色为主；灰色、米色、咖色、
　　　黑色最好能各备一双，用于搭
　　　配不同颜色的服装
材质：平整、精致、弱光泽的优质皮质

职场的形象需有一定挺拔感，不
能太显松懈；同时为了方便有效
率地工作，也不适合穿太高太女
性化的高跟鞋。所以，这样高度
适中且简约易搭配的鞋子一定是
通勤场合的首选。

第 16 件：平底船鞋

款式：简约、不露趾、平底
颜色：中性色为主
材质：平整、精致、弱光泽的优质皮质

穿平底鞋会显得放松，所以职场
中的平底鞋最好比较合体、简
约、精致，这样才能与偏严谨的
西服等职场服装搭配出和谐感，
营造出时尚通勤场合严谨中略带
轻松的氛围。

第 17 件：手拎公文包

款式：简约、偏直线感、包体较大可
　　　装下 A4 文件夹
颜色：首选中性色为主
材质：平整、精致、弱光泽的优质皮质

公文包首先要选择有正式感的基础款，其次再去选一些变化款。颜色可以米色、灰色、咖色、黑色各备一个。这样的浅、中、深色易于与不同的职场服装和谐搭配。

　　职场其他单品：

　　每位职业女性的衣橱里，通勤场合的衣服当然不止这 17 件。以上的 17 件单品，其实指的是职场衣橱里必须要有的 17 种品类。其中的每一种品类，都可再通过细节装饰来有所区分，使得我们的职场形象更加丰富多彩。比如西服，除了首选基本款简约的西服外，也可以再增加稍微带有条纹或格纹图案的西服；可以有单排扣的，也可以有双排扣的；可以有短款的，也可以有长款的；

有修身合体一些的，也可以出现稍微宽松一些的……所以，我们的职场衣橱里最起码要有一件合格的西服，但也可以不止一件。这需要结合自己的具体需求来进行分配。其他 16 种品类也可以适度丰富一些。

职场如果要搭配一些配饰的话，也要遵循少而精的原则，符合通勤场合的元素规则（"形色质"规则），可以选择简约的耳钉、项链、戒指、手表……总之不能与偏严谨的职场氛围发生冲突。

读后思考作业

请对照"通勤场合必备的 17 件单品清单"来检查一下自己的衣橱，看看这 17 个品类是否齐全？如果有缺失，缺的是哪几件？可以记录下来，下次逛街的时候，不妨有目的地去采购一番吧！

10
-2/

晚间社交场合的 13 件
必备单品

第 1 件：小晚礼服裙

款式：简约、修身合体、长度在膝盖
　　　上下、领口和袖口处有一定露
　　　肤度
颜色：不限制，但首选黑色，其次考
　　　虑其他适合自己的颜色
材质：精致、平整、有光泽

小晚礼服裙往往比大晚礼服裙更实
穿一些，既可出席晚间小社交场
合，也可以穿到晚间大社交场合里
去。如果是简约经典的小黑裙，就
更加百搭实穿了，利用率更高。这
样的小晚礼服裙一定是晚间社交衣
橱的首选品与必备品。

搭配举例：

搭配 1：

搭配 2：

第 2 件：大晚礼服裙

款式：长度拖地、有一定露肤度、有华丽的装饰感
颜色：不限制
材质：隆重华丽的光泽感

参加晚间非常隆重的社交活动时，就需要穿着大晚礼服裙了。当然，如果你不希望自己在活动中太过显眼，也可以选择穿小晚礼服裙出席，一样是得体的。毕竟一件有品质的大晚礼服裙往往价格不菲，而且穿过一次就会令别人印象深刻，不属于利用率高的单品。但它却是女性最为隆重的服装。

搭配举例：

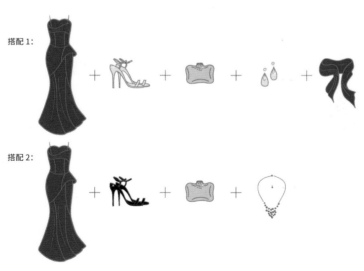

搭配1：

搭配2：

第 3 件：背心式上装

款式：有一定露肤度的抹胸或吊带背
　　　心、修身合体
颜色：不限制
材质：精致、可有光泽

背心式上装可以理解为小礼服裙
上半截的演变款。它让晚间社交
多了上下拆套搭配的可能，令晚
间社交的形象更富有变化、更加
时髦。

搭配举例：

搭配 1:

搭配 2:

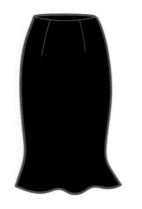

第 4 件：半裙

款式：收腰，包臀裙、鱼尾型或喇叭
　　　型均可，长短均可
颜色：不限制
材质：精致、可有光泽

半裙可以理解为小礼服裙下半截
的演变款。它让晚间社交多了上
下拆套搭配的可能，令晚间社交
的形象更富有变化、更加时髦。

搭配举例：

搭配 1：

搭配 2：

第 5 件：长裤

款式：收腰、包臀、修身、微喇型或
　　　裙裤型均可；首选长款，与高
　　　跟鞋搭配更显腿长
颜色：不限制，但首选中性色，易于
　　　与华丽感的上装进行搭配
材质：精致、可有光泽

这种具有女性化特质的裤子，可
以理解为半裙的延伸款。这会给
晚间社交的"女神"范儿增加一
些帅气，看起来更显性感。

搭配举例：

第 6 件：牛仔裤

款式：修身的锥形或微喇形
颜色：深牛仔色
材质：有弹力、有光泽的牛仔面料

牛仔裤是休闲场合的必备单品，
其实并不算社交场合的必备单
品。把它放到这里，是想通过它
本身的休闲特质，照顾到一些晚
间轻松的偏社交场景，比如晚间
与朋友的聚餐、聚会等。其实，
具有晚间社交特质的牛仔裤只是其
中一种可能性的单品，如果换成牛
仔裙、休闲裤等也是可以的。

搭配举例：

搭配 1:

搭配 2:

第 7 件：衬衫 / 小衫

款式：有一定装饰或夸张感
颜色：不限制
材质：有通透感或光泽感

一件偏华丽感的衬衫，单穿或搭
配外套穿都是晚间轻松社交场合
的不错选择。下半身可以选择裙
子，也可以选择裤装，组合更加
灵活多样。它也是利用率较高的
一款单品。

搭配举例：

搭配 1：

搭配 2：

第 8 件：大衣

款式：简约、直筒、无腰带束缚
颜色：不限制，但中性色为佳，因为
　　　更易与华丽的礼服裙进行搭配
材质：精致的羊绒面料

它是冬季晚间社交衣橱的必备单
品，能够帮您抵挡上下车时的凛
冽寒风。

搭配举例：

搭配 1:

搭配 2:

第 9 件：露趾细高跟鞋

款式：露趾、6cm 以上的细高跟鞋（或
　　　是你自身能接受的最高跟）
颜色：不限制，但建议首选中性色、
　　　简约款，这样易与礼服搭配
材质：有光泽的优质皮质

晚间社交强调的是隆重度，所以
需要有挺拔的形象。这样的高贵
感自然离不开一双能凸显"女
神"气质的高跟鞋。闪闪发光的露
趾细高跟凉鞋，既可搭配大晚礼服
裙，也可搭配小晚礼服裙，是晚间
社交衣橱首选的必备鞋款。

第 10 件：鱼嘴 / 不露趾的高跟鞋

款式：鱼嘴或不露趾、偏高跟（或是
　　　你自身能接受的较高的高度）
颜色：不限制
材质：有光泽

鱼嘴或不露趾的高跟鞋可以搭配
小晚礼服裙来穿着，还可以在日
间社交时穿搭，搭配利用率不容
小觑。

第 11 件：手抓包

款式：手抓包
颜色：不限制，但建议首选中性色、
　　　简约款，这样易与礼服裙搭配
材质：有光泽

一个精致而有着悦目光泽的手包，是搭配大晚礼服裙的标配包，也可搭配小晚礼服裙，是晚间社交衣橱首选的必备包款。

第 12 件：披肩

款式：有一定面积
颜色：不限制
材质：精致、细腻、可有光泽

晚间社交露肤度的表达，让很多胳膊较粗的女性很是郁闷，而一款披肩正是必不可少的修饰身材的单品。有时也能起到一定的保暖作用。

第 13 件：珠宝配饰

款式：造型特别或有夸张感的
颜色：不限制
材质：精致、有光泽

晚间社交是最隆重的场合，这样的场合形象需要华丽隆重的装饰，恰到好处的珠宝配饰能给整个形象起到画龙点睛的作用。项链、耳饰、手链、戒指等不同的配饰，会给整体服装带来不同的视觉效果。

读后思考作业

你是否有晚间社交场合的需求？如果有，不妨对照"晚间社交必备的13件单品"清单，进行一下简单的衣橱分析与搭配整理吧！

10
-3/ 日间社交场合的 20 件
必备单品

第 1 件：午服外套

款式：较修身合体、领口线条偏曲线、
　　　可有一定装饰
颜色：不限制，首选柔和的颜色
材质：精致、可稍有光泽

日间社交场合需求占比高的朋
友，可以多选几件午服外套。首
先，选择可以成套搭配的，成
套搭可应对较正式的日间社交场
合；拆开穿又符合较轻松的日间
社交场合的需求。其次，可以选
择略有变化感的不成套的午服
外套，可适当增加日间社交的轻
松、时尚感。

搭配举例：

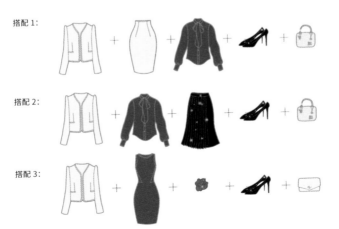

搭配 1:

搭配 2:

搭配 3:

第 2 件：午服半裙

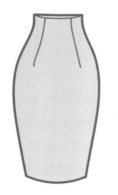

款式：较修身合体、膝盖上下的长度
颜色：不限制，首选柔和的颜色，能
　　　与午服外套配成套的
材质：精致、可稍有光泽

首选可以与午服外套搭配成套的。
成套搭可出席最正式的日间社交场
合，拆套穿搭也符合轻松的日间社
交需求。

搭配举例：

搭配 1：

搭配 2：

搭配 3：

第 3 件：午服连衣裙

款式：有领有袖、收腰放摆的 X 型连
　　　衣裙
颜色：不限制
材质：精致、稍有光泽、有一定挺括
　　　度的外穿型面料

午服连衣裙是可以替代午服套
装出现在最正式日间社交场合的
着装。经典的款式能修饰女性的
身材，同时又能凸显高贵优雅的
气质。

搭配举例：

搭配 1：

搭配 2：

搭配 3：

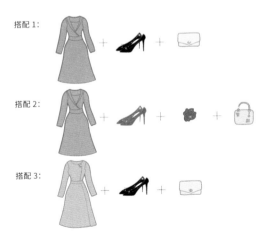

第 4 件：无领无袖连衣裙

款式：无领无袖、修身合体
颜色：不限制
材质：精致、可稍有光泽

这款连衣裙如果与午服外套同色同质的话，即可搭配成最正式的午服套装，出席正式的日间社交场合。拆套的搭配法就更多了，可以与不同长短的午服外套、针织开衫、风衣、大衣等进行搭配。

搭配举例：

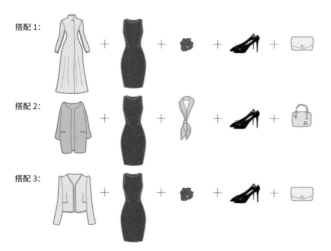

搭配1:

搭配2:

搭配3:

第 5 件：午服长裤

款式：腰臀修身合体、有女性化线条
　　　走向的裤形
颜色：不限制
材质：精致

首选可以与午服外套搭配成套的。成套搭可出席正式的日间社交场合，拆套穿搭也符合轻松日间社交的需求。当然，最正式的日间社交场合，裙套装更好一些，因为裙套装比裤套装更能凸显女性优雅得体的气质。

搭配举例：

搭配 1:

搭配 2:

搭配 3:

第6件：衬衫

款式：女性化装饰的领口（如飘带领、
　　　荷叶边领等）、相对合体
颜色：不限制，首选与午服外套易搭
　　　的颜色
材质：精致、有光泽的丝质感

日间社交的衬衫不似通勤衬衫那般简洁利落，往往有偏女性化的装饰，尤其是在领口、袖口来体现。这样既可以与午服外套和谐搭配，也可以单独搭配半裙或裤子运用到轻松的日间社交场合。

搭配举例：

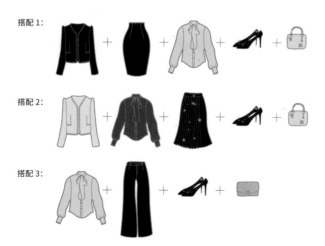

搭配1：

搭配2：

搭配3：

第 7 件：A 形半裙

款式：A 形百褶半身裙、膝盖以下的
　　　长度
颜色：不限制，首选与衬衫易搭的颜色
材质：精致、有光泽的丝质感或纱质感

结合了丝质或纱质感的百褶半裙
更显飘逸，搭配在日间社交场
合，既能突出女性化的优雅气
质，又能增加轻松活泼的灵动
感。它是轻松时尚的日间社交中
必不可少的主打单品。

搭配举例：

搭配 1:

搭配 2:

搭配 3:

第8件：薄款连衣裙

款式：女性化装饰的领口（如飘带领、
　　　荷叶边领等）、相对合体
颜色：不限制
材质：精致、有光泽的丝质感、与日
　　　间社交的衬衫面料接近

前面（第3件）的午服连衣裙所
用的面料与午服外套类似，属于
外穿型的连衣裙，所以可以出现
在更正式的日间社交。此处的连衣
裙可以理解为日间社交衬衫款的变
化延伸款。它更飘逸和轻松，可配
合不同花型、颜色、长短、细节装
饰的变化，广受女性青睐。

搭配举例：

搭配1：

搭配2：

搭配3：

第9件：内搭打底衫

款式：较修身、小 V 领 / 小圆领 / 高领均可、领口可略有装饰边
颜色：不限制，关键要与外套易搭配
材质：精致的背心或 T 恤，秋冬也可是精致薄款的细腻针织衫 / 羊绒衫等；可略有光泽

内搭的打底小衫，是可以多多益善的品类。多一些颜色与领型的变化，与外套搭配便可产生更丰富的搭配效果。另外，也可以随季节变化来选择不同的材质。夏季可以是吊带或 T 恤，冬天可以是高领毛衫等。

搭配举例：

搭配1：
搭配2：
搭配3：

第 10 件：马甲

款式：相对简约、可略有装饰感
颜色：不限制
材质：精致、可略有光泽

马甲可以理解是从午服外套或者大衣拆解而来的一个类别。作为搭配时的中间层，它让时尚的日间社交的着装有了更加丰富的层次变化。

搭配举例：

搭配1：

搭配2：

搭配3：

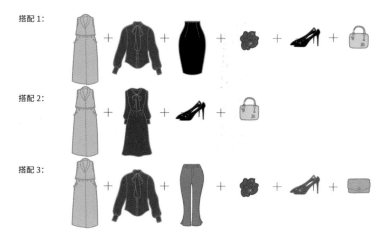

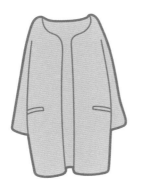

第 11 件：针织开衫

款式：略有装饰的开衫（比如有装饰勾边）

颜色：不限制

材质：首选精致、细腻织纹的针织衫，可略有光泽、也可有少许纹理变化，增加一定华丽感

针织开衫会让人在轻松日间社交场合中增加一定放松感，常用于与衬衫或是与连衣裙的搭配。随季节不同可以有厚薄的变化，根据搭配效果所需也可有长短的板型变化。

搭配举例：

搭配 1：

搭配 2：

搭配 3：

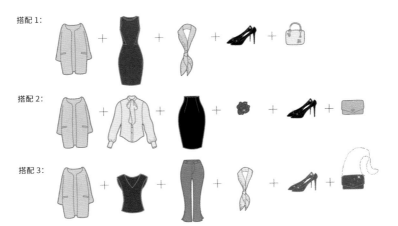

第 12 件：牛仔裤

款式：首选修身合体的锥形裤或小微
　　　喇裤
颜色：首选深牛仔色
材质：平整、精致、有弹力，不过重
　　　磨白的牛仔面料，可混织入一
　　　定光泽感

一条精致的牛仔裤可以让时尚社
交装更加具有轻松感。与午服外
套混搭，在女人味中又能透露出些
许帅气。搭配时，一定要与日间社
交的其他典型品类进行搭配。

搭配举例：

搭配 1:

搭配 2:

搭配 3:

第13件：大衣

款式：首选简约、略偏直线感的，其次可选一些有装饰感的
颜色：不限制，但首选中性色
材质：平整、精致、细腻的羊绒或羊毛面料

在寒冷的冬季需要出席一些户外的日间社交活动时，穿在最外层、最保暖的就属羊绒、羊毛大衣了。简约款大衣能与午服套装和谐搭配，也可以轻松搭配其他日间社交服装。

搭配举例：

搭配1：

搭配2：

搭配3：

第 14 件：装饰型高跟船鞋

款式：不露趾、女性化的线条感、鞋
　　　面有装饰、6cm 左右的细跟（或
　　　你自己能接受的偏高的高度）
颜色：不限制，但首选易搭配的中性色
材质：精致、有一定光泽

日间较正式的纯粹社交活动场景
比较强调隆重感。所以一双既高
又有一定华丽度的鞋子是必不可
少的。穿上后既显挺拔、高贵，
又能增加隆重感。

第 15 件：简约型高跟船鞋

款式：简约、不露趾、女性化的线条感、
　　　6cm 左右高的细跟（或你自己
　　　能接受的偏高的高度）
颜色：中性色为主
材质：平整、精致、略有光泽的优质
　　　皮质

日间商务社交相较纯粹的社交活
动，需要更多突出严谨感，但与
职场形象相比，又多了些许隆重
度。这样一款鞋子，其款型高度
能凸显隆重感与女性化的气质，
但整体的简约感又能迎合严谨度
的表达，所以是白天正式场合的

首选，用于日间商务社交场合尤佳。因为其简约的特质，甚至也可以用于纯粹的日间社交场合或通勤场合。

第 16 件：小手拎包

款式：小巧、短拎带、可有一定精致装饰
颜色：不限制
材质：精致、有光泽

日间社交的标配包是小手拎包，它比晚间社交的手抓包的光泽装饰弱一些，且多了一个短拎带。

第 17 件：日间手抓包

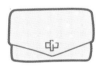

款式：简约或略有装饰元素、手抓款
颜色：不限制，首选易搭的中性色
材质：精致、有光泽

除了小手拎包，手抓包也可以作为日间社交的包，尤其是较简约的款式，更适合在商务社交场合中使用。与晚间社交的手抓包相比，日间社交的手抓包要更简约，光泽也更弱一些。

第 18 件：链条包

款式： 与日间社交手抓包相比，只是
　　　　多了一条长链条
颜色： 不限制
材质： 有一定光泽

手抓包加上长链条就变成了具有
一定放松感的社交链条包了。它
可以搭配轻松的日间聚会装，亦
可作为日常休闲中一款精致而具
有高级感的单品。

第 19 件：胸花 / 胸针

款式： 有装饰感、设计感
颜色： 不限制
材质： 有一定光泽

日间社交的配饰虽不用像晚间社交
的配饰那般华丽夺目，但也可以有
各种品类的表达。项链、耳饰、
手链、戒指、帽子、腰带等有一
定精致装饰感的配饰均可出现。
但其中最有代表性的当属胸花或
胸针。这款在领口方寸之间的点
睛之笔，更显日间社交的端庄
感。配饰盒中不妨多备一些不同
造型、颜色的胸针与胸花，用以
日常社交服装的灵活搭配。

第 20 件：丝巾

款式：有装饰感、设计感的图案
颜色：不限制
材质：有光泽的优质丝质

丝巾是特别能彰显女性化气质的代表性配饰，常被用于日间社交场合的搭配。如果用对了色彩与图案，往往能让原本平淡板正的社交服装变得时髦而充满生机。衣橱中不妨多备一些。可以巧妙运用丝巾面积大小、图案、颜色的变化，给我们的日常搭配提供更多的选择。

日间社交场合的其他单品：

日间社交的细分场景是比较多的，比起其他两大正式场合表达也更加丰富一些，所以衣橱中当然不止这 20 件单品。这里的 20 件单品，指的是日间社交衣橱里建议首选的 20 种品类。其中的每一种品类，其实都可以根据细节装饰的不同再进行一定的裂变和延展，使得我们的日间社交形象更加丰富多彩。现在市面上很多流行的社交服装款式，多是从这 20 件单品中演变而来的。

读后思考作业

◇◇◇◇◇◇◇◇◇◇◇◇◇◇◇◇◇◇◇◇◇◇◇◇◇◇◇◇

请对照"日间社交场合必备的 20 件单品清单"来检查一下自己的衣橱。对缺失的品类做好记录，日后逐步完善起来吧！

10
-4/

休闲场合的 *N* 件单品

正如前面所讲，三大正式场合都有相应的配置规则。只有非正式的休闲场合对类别组合没有一定之规，所以也就没有休闲场合的必备单品一说。但同时，休闲场合的代表性品类又有很多。这是因为多数服饰品类在最早出现的时候，往往都源于普通劳动者实际生活的实用、舒适的特点，让这些品类更符合普通人的生活与劳动需求。随着时代的变迁，这类服饰被更多赋予了审美的意义，又兼具放松、舒适与个性、时尚的特征，被更多的人所接受。

T恤、牛仔裤、毛衣、卫衣、夹克、球鞋、帆布包……休闲场合的代表性单品，我们可以一下子找出很多。我们甚至可以通过改变廓形或改变材质，让任何一种品类都变得休闲起来。只要是带有一定放松感或是粗纹理的单品，几乎都具有休闲的特质。

对于很多人而言，衣橱中配置容易偏多的，往往是休闲场合的衣服。因为休闲装的规则性弱，相应的变化性就强，所以，市面上推出的休闲装也相应更多一些，大家购买休闲装的概率也相应更高一些。

但在衣橱服装合理配置这件事上，建议大家更理性一些。为了避免造成不必要的浪费，衣橱中休闲装的数量应根据自己实际的休闲场景占比来配置。

场合衣橱小贴士：

看完了各种场合的衣橱必备品清单，大家是不是心痒痒了，也想对照表单整理一下自己的衣橱了呢？在整理之前，还有以下几点事项需要注意：

（1）建议大家根据季节变化整理出应季的场合衣橱服装。

前面的场合必备清单中，没有特别强调品类与季节的关系。这是因为除了个别极端型的应季类单品（比如大衣只用于秋冬）外，大多数的品类其实不会随季节变化而消失。因为品类更多取决于场合，季节、温度的变化只是会影响这些品类的材质。

比如职场要穿到西服，而西服这个品类是职场一年四季都需要的。只是夏季用偏薄的面料，秋冬用偏厚的面料。再比如日间社交的百褶裙，夏季可能是轻薄的纱裙，秋冬可能是精纺毛丝混纺裙。其他品类也都以此类推。

当然，季节会影响到一些品类的穿着概率。比如天气炎热的夏天，办公室通勤装中，连衣裙或衬衫加半裙的搭配概率会比在秋冬时高出许多。秋冬季节西服加马甲再加衬衫的这种叠穿的方式也会增加许多。

总之，我们需要根据季节变化来适时配置自己的衣橱。有些单品是四季通用的，但更多的单品由于材质影响是具有应季特点的。所以，每个季度整理一次自己的衣橱，把各个场合的服装搭配都梳理一遍，这样在日常工作生活忙碌起来的时候才能应对有度，场合形象切换自如。

（2）每个场合衣橱中各个必备单品具体要配置多少件是因人而异的，要根据你自己的需求来定。

大原则是根据自己的场景比例来配置。场合占比多的必备单品就多配置一些，场合占比少的品类就尽量少置办一些。大件单品买质量好一些的，小件用来搭配的单品可以适当多买一些。同一品类的单品如果要多买，尽量在颜色上有所变化，有深、有浅，这样更易于搭配出丰富的效果。

（3）前面的场合衣橱中，只是列举了必备款的类别清单。

也许你还能想到其他更多的品类，那些就是可以锦上添花的品类了。在构建场合衣橱时，你可以根据自己的需求和习惯，把这些品类都添加进去。

第4章

极简生活达人如何形象百变

11/ 极简生活与形象百变能否兼得

随着生活质量的提升，人们对物质的欲望也越来越高，导致了各种问题的出现。为了改变这种情况，"极简主义""极简生活""断舍离"等概念开始被一些人接受并践行。

个人认为极简主义并不是禁欲主义。做一个极简生活者，不是让你的生活变得寡淡，让你变成一个节俭的苦行僧。而是去掉多余的东西，将生活用品精简到最少。如果同一种品类，只能选一件留下来的话，那选出来的那件往往是自己最喜欢、最有价值的精品。

我们每个人都有多重的社会角色需要塑造，所以形象不可能是非常单一的，这也是我们学习场合着装的原因。但形象百变似乎与极简生活是矛盾的，前者要求形象的多变，后者却要求用最少的衣服。那么，有没有什么方法可以相对地解决这一矛盾呢？有没有可能用最少的衣服，搭配出最丰富的形象呢？

答案是有的。

学习前面的各场合着装规则与各场合必备类别清单时，大家可能已经发现了：各场合之间有区别，也有一些共性。通过它们之间的规律可以推导出，有些单品是同时兼具几个不同场合特质的。这样的单品，具有较高的利用率，一件衣服能搭配出几套不同场合的着装。场合一变，往往就会让人觉得形象变了。这样，不就可以用最少量的衣服搭配出更多的形象效果了吗？

所以，跨场景的一衣多搭，就是解决这个矛盾问题的关键所在。

12/

跨场景一衣多搭的诀窍

什么是跨场景的一衣多搭？就是同一件衣服可以跟其他不同的衣服进行搭配，形成不同场合的着装印象。这种方法就叫作跨场景一衣多搭。其实一衣多搭的方法很多人都在运用。比如同一件上衣，可以分别跟两条不同的裤子进行搭配；或者一种方式是跟裤子搭配，另一种方式可以跟裙子搭配。虽然搭了两条裤子，或者搭了一条裤子和另一条裙子，似乎是做到了多搭，但是搭配效果是否会有很大不同呢？尤其是，场景上有没有发生变化呢？其实，很多人所用的一衣多搭，只是单场景的一衣多搭，并没有发生场景上的变化。这也就意味着，两种着装方案塑造的社会角色并没有发生变化。

普通的 "一衣多搭"

去逛街

去逛街

跨场景的 "一衣多搭"

去逛街

去上班

我们为什么要做跨场景的一衣多搭？因为通过这样的方式，每件衣服的价值都得到了大幅度的提升。好像买贵一点的也值了，因为可以搭出好几套不一样的效果，一件起码顶三四件的效果在用，衣服也不用买那么多了。更重要的是，很多工作繁忙的都市职业女性，掌握了这一方法，从白天的通勤场合到晚上的宴会场合，可能只需要脱个外套、换双鞋子，就可以达成场合形象的快速转换。真可谓省钱、省时、又省力，好处多多。接下来，我们就分析一下如何进行跨场景的一衣多搭。

　　跨场景的一衣多搭，里面其实包括两个问题：一个是什么样的单品可以成为那比较百搭的"一衣"？二是怎样才能用这个单品做出各种不同场合的"多搭"效果？所以，我们需要先找到"一衣"，再进行跨场景的"多搭"。

　　跨场合"一衣多搭"＝"一衣"＋跨场景的"多搭"

找对"一衣":

什么样的单品适合做跨场景的一衣多搭呢？其实类别是不太受限制的，上衣、裙子或者是裤子都有可能。关键是它要具备什么特点？比如图中这三条连衣裙，它们当中谁更适合做那"一衣"呢？

材质：
珠片装饰、有光泽

材质：
精致、平整、弱光泽

材质：
粗纹理、哑光

试想一下，百搭的单品一般来说应该是简约一些的，还是装饰复杂一些的？答案肯定是简约一些的。因为足够简约，才更容易跟其他各种各样的单品组合在一起。那么，如果要做到跨场景的一衣多搭，是不是只要这个单品足够简约就行呢？好像又不仅仅是这样。

　　图中的三条连衣裙，它们所表达的场景氛围不太一样。从左往右看，第一条连衣裙有比较华丽、光泽的装饰，更偏晚间小礼服裙。中间的连衣裙在简洁的同时，相对比较合体，面料精致、平整、弱光泽，所以整体偏向白天的正式场合，通勤、日间社交甚至晚间社交均可用到。最右边的连衣裙，整体比较宽松，面料纹理较粗，相比前两条就显得不那么正式了，衣服上有随意的褶皱处理，是非常明显的休闲款连衣裙。那么，这三条连衣裙，大家觉得哪一条更百搭一些呢？其实不难发现，中间的连衣裙场景的倾向性不是特别明显，可以说，从单品本身而言，它具备一定的跨场景性。而左边和右边的连衣裙，场景的归属感更加明确，分别属于晚间社交场合和休闲场合。所以，它们跨场景搭配的难度会大一些。

实现"多搭"：

我们再来看中间这条连衣裙的搭配。像后面图中这样，我给它做了四个场景的搭配，看起来是不是都不错呢？

这里面涉及另一个问题，就是如何搭配才能体现出四个不同场合的效果？大家应该可以从图中发现我用的方法吧？那就是：这四种方案都用到了那个场合特别典型的一些单品，来跟这件连衣裙进行搭配，这样，最后的整体效果就契合那个场合的着装要求。比如，给连衣裙加上手抓包和露脚趾的高跟凉鞋，再加上配饰，它就整体更偏向于晚间社交场合。如果给连衣裙加上西服外套、船鞋与公文包，它就变成了去上班的样子。其他场合搭配也是这样的道理。而且，典型的场合单品搭得越多，这个场合的氛围就会越浓。只要我们善用这个方法，四个场合的效果就不难搭配出来。

但当我们仔细观察就可以发现，在这四个场合的搭配中，还是日间社交和通勤两个场合更加和谐，表达更加明确。当然，晚间社交场合也不错，只是隆重度稍逊一筹，晚间社交的印象未能表达到极致。但应对一般的轻松晚间社交应该是没有问题的。而那套休闲场合的，虽然效果也可以——针织衫、休闲包、平底鞋都增加了这套方案的放松感，但毕竟这条连衣裙本身比较合体、正式，所以，放松度还是差了一点。如果能继续增加休闲元素会更好，比如加一条休闲围巾、加一顶休闲帽子，效果一定更好。我想说的是，这条连衣裙虽然这四个场合都可以搭配出来，但由于它本身的"形色质"特点及其品类归属更加倾向于午间社交与职业场合，所以，它搭配这两个场合会更加容易一些；休闲场合虽然也可以搭配出来，但是相对难一点。

如果我们用同样的方法来对左右两条连衣裙进行搭配，是否也能搭配出四种不同场合的效果呢？答案是否定的。因为左边的裙子太华丽、太隆重了，很难搭出晚间社交以外的效果；而右边的裙子又太休闲了，很难搭

通 勤　　　　　　休 闲

出正式的感觉。

这说明一件单品如果其场合归属性非常明确，即它是这个场合的极致单品的话，那么它跨到其他场景进行搭配的可能性是不高的；就算非要搭配，也会非常勉强。

我们来简单总结一下。跨场景"一衣多搭"，主要要完成两件事：一是找到合适的"一衣"，二是知道如何完成跨场景的"多搭"。

那么，什么样的单品适合做"一衣"呢？我们发现，场合属性特别明确的单品不适合做跨场合的搭配。因为它的表达太极致，很难搭出其他场合的样子。只有这个单品本身具有一定场合跨越性，场合表达不是特别明显的时候，才适合做跨场合搭配。因为它最后变成什么样子，完全由与它搭配的其他单品决定。所以，适合做跨场合搭配的那件单品要满足两个条件：一是简洁的基本款，二是场合归属不明显。

再来看第二个问题，怎样做到"多搭"？这里的"多搭"，指的是可以跨场景的"多搭"。从前面的案例中，我们发现其实方法很简单，就是要跟每个场合中的典型单品进行搭配。搭配的时候，你添加的典型单品越多，那么这个场合的形象表达就会越明确。这需要我们对前面学过的每个场合的基本规则都了如指掌。那么如何做到跨场景的"多搭"呢？要诀就是去搭配场合归属明显的其他单品。

总结一下，跨场景"一衣多搭"要分两步走：一是找对可以百搭的"一衣"，即简约的基本款，同时场景归属不明显的款式；二是要以正确的思路进行多场合的搭配，就是要用这个百搭款，去搭配每个场合的其他典型单品。

读后思考作业

我们可以利用现在自己衣橱里的衣服，挑一挑，搭一搭，看看能否搭配出多场景一衣多搭的效果？如果能搭出来，证明您衣橱内衣服的品类构成还可以，如果搭不出来，你就需要思考一下，是什么原因了。

13/ 胶囊衣橱

现在的消费人群比过去变得理性了许多，大家不再盲目消费，不再觉得越多就越好。而利用有限的资源达到最大化的效果，成为更多人的选择。学会跨场景"一衣多搭"的方法，会让大家的生活变得更加高效且环保，为我们节省更多的资源。

如果我们学会了跨场景"一衣多搭"的方法，就能够玩转胶囊衣橱。所谓胶囊衣橱，就是要用最少的衣服，搭出满足生活中各种场景所需的形象。衣橱里的主要构成，就是许多可以跨场合的"一衣"，以及一些其他场合的典型单品，且所有单品都比较简约。这样，就可以用少量的衣服，搭配出足够丰富的效果。

下面给大家做一个案例展示。以下12件单品，就是一个小型的胶囊衣橱。其中只有6件服装单品与6件鞋包配饰。大家觉得它们可以搭配出多少种场合的多少套不同搭配呢？仔细观察可以发现，这些单品都非常简约，而且很多本身就具有跨场景的特点，都不是某个典型场合的典型单品。让我们来看看具体的搭配吧。

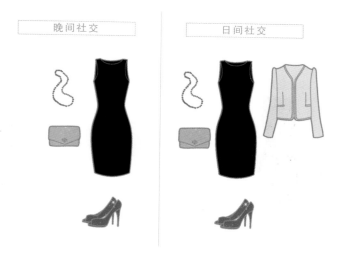

晚间社交　　　　日间社交

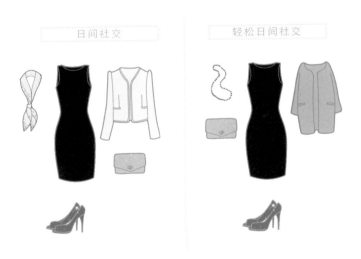

日间社交

轻松日间社交

通 勤

时 尚 通 勤

时 尚 通 勤

时 尚 通 勤

日常休闲

日常休闲

首先，我们可以搭配出社交场合的效果，有晚间社交的，也有日间社交的。而且在日间社交中，可以搭出稍微偏正式一些的，以及更加轻松的日间社交印象的，还可以搭出通勤场合印象的。调整一下鞋子，通勤场合又可以有更加轻松的表达。可以继续增加轻松度，直到基本达到休闲场合。是不是搭出来的场景还蛮全的？

　　其实，我们绝大多数人的衣橱不会只有这么少的衣服和配饰。这 12 件单品已经可以搭出这么多效果了，如果我们的胶囊衣橱有 20 件或者 30 件衣服的话，只要方法用对了，想想可以搭出多少种效果呢？仔细想一想，我们真的需要那么多件重复性很高的衣服吗？喜欢的会买，流行的会买，看见打折也会买，这么多衣服我们真的穿得过来吗？与其买很多价格不高的衣服，不如少买一些，但是保证件件都是精品。通过"一衣多搭"的方法，我们完全可以用 10 件衣服搭出 30 件的效果来。如果能有 30 件单品，也差不多能够实现足够丰富的形象变化了！

　　所以，希望大家能善用"一衣多搭"的方法，为生活减负、增色。

第5章

怎样既突出自我风格又得体

14/ 场合不等于风格

场合与风格的混淆是个比较常见的问题，很多专业人士甚至都无法很好地区分二者之间的关系。

仔细观察下图中的两套服装搭配，大家觉得它们属于相同的风格还是不同的风格呢？

很多人的第一反应都是两套服装的风格不同。但是请仔细思考一下：虽然两套服装给我们的印象有很大不同，但这一定是风格不同带来的效果吗？其实两套服装之所以看上去很不同，是因为场合印象非常不同。左边的是隆重的晚间社交场合印象，右边的是放松的休闲场合印象。它们之间的不同，很大程度上是因为场合不同造成的。两套服装的廓形大小、款式的复杂度、配色关系等其实是类似的，这说明它们的风格是类似的，是适合同一个人穿着的，只不过是要穿去不同的场合而已。所以这两套搭配其实是风格相同的。

风格相同、场合不同

如果能驾驭很多种不同的搭配，大家是不是就认为自己能同时驾驭多种风格？但其实，我们可能只是做了不同场合的转换搭配，错把场合的表达当作了风格。要知道，个人风格主要取决于我们的外貌长相，而这点在短期内是很难发生大幅度的变化的，但是场合却可以有很多种变化。所以千万不要混淆场合与风格的概念。

场合不等于风格

那么，两者应该如何区分呢？

请记住，风格对应的是人本身，即我们自身的样子与特征。找到与自身特征最匹配的服饰表达，就等于找到了最适合自己的服饰风格。而我们每个人的风格特征在一定时间内是不会轻易发生大的改变的，所以一旦确定了个人风格，就可以相对稳定、持续地去表达。

但人又是有求新的需求的。这点如何满足？其实，我们所说的百变形象，往往要通过场合形象来实现。场合对应的是生活场景、生活方式，场合形象表达了我们每个人在生活中扮演的形形色色的社会角色。

风格研究的是"我是谁"。找到自己的风格，就找到了与自己和谐相处的方式。

场合研究的是"我要去哪里、要表达什么"。遵守场合规则就能完美演绎出各种社会角色，有助于自己与他人、与社会环境和谐相处。

简单来说，对于服装风格我们要考虑的是：它更适合谁来穿？适合我吗？与服装在风格上更接近的人，穿起来才比较好看。而对于服装的场合我们要考虑的是：它适合穿去哪里？去干什么？是去上班，还是去逛街？是去参加庆典活动，还是去度假？所以，当你搞不清楚这两者的区别时，可以问问自己这两个问题：适合我吗？穿去哪里？

15/

你知道自己的风格吗

风格是一个完整独立的系统，虽然与场合时常发生交集，但却属于与场合完全不同的维度。要将风格表述清楚的话，完全可以再单独写一本书了。但本书的重点在于场合，所以对风格的解读只能作简化处理。

简单来了解一下我们的风格吧！

关于我们的着装，场合解决的是"穿得对不对"的问题，而风格解决的是"穿得好不好看"的问题。

场合着装是规则问题，即共性问题。不管你是什么风格的人，到了职业场合都要遵守同样严谨的职业场合着装规则。而风格研究的是个性问题。即我是怎样的一个人？穿什么样的衣服最能表达我的个性美？

简单来说，找到自己的个性特征，就等于找到了自己的风格。如果再找到与自己具有类似特征的服装、配饰等，就相当于找到了适合自己的穿衣风格。

一个人适合穿什么，往往是由外貌长相决定的，与性格喜好关系并不大。当然，最好的着装状态是"身心合一"，所穿的既是自己适合的，同时也是自己喜欢的。但喜欢与适合，的确是两个不同的问题，需要我们拆开来理解。想要做好自我形象管理，就要了解自己喜欢什么、适合什么。

我们今天所说的个人风格，主要是从外貌长相特征来分析的，暂时不涉及内在心理范畴。

那么，大家能否提炼出自己的外貌特征呢？平时能否感受到外貌特征对服饰的影响？为什么同一件衣服别人穿着好看，自己穿着就不好看？因为我们的外貌不同，也就是个人长相风格不一样。

比如下面这两位女士：

小脸盘、五官小巧、
皮肤白皙、发色偏浅
眉眼色浅淡、
柔和、甜美

大脸盘、五官大气、
皮肤适中偏深、发色黑
眉眼色很黑、
浓艳、醒目

　　她们的面部特征非常不同，所以风格气质也迥然有异。想象一下，她们最适合的服装是不是也应该不同？

　　当然，你的个人风格也许与图中两位又有不同，毕竟每个人都是与众不同的，而本书也无法把所有外貌风格都一一列举、详细分析。但决定我们穿衣风格的外貌关键点，我们还是可以大体掌握一下的。

　　这里先教大家两条判断个人视觉风格的关键点：

　　（1）脸盘的大小和五官的大小，决定了服装风格是偏大气还是偏小巧精致。

　　你可能像左侧这位一样，属于偏小巧型的；也可能像右边这位一样，属于偏大气型的，当然也可能是居于两者之间的。总之，找到自己的定位，着装时据此来选择相应的服装廓形及细节装饰即可。比如图中的两位女士，左侧的更适合穿廓形小、装饰小的服装，右侧的更适合穿廓形大、装饰大的服装。

（2）肤色与发色、眉眼色对比度的强弱，决定了服装风格是偏动感还是偏文静。

你可能像左侧的女士一样，属于对比度偏弱的；也可能像右边的女士一样，属于对比度偏强的；当然也可能是属于对比度适中的。总之，按照自己脸部的对比度，去选择相应对比度的服装即可。比如左侧的女士更适合穿着柔和的颜色、对比度弱的配色，而右侧的女士更适合穿着鲜艳的颜色、对比度强的配色。这就是她们着装风格的不同之处。

看到这里，建议大家试着分析一下自己的脸盘大小、五官大小、肤色与发色眉眼色的对比度。看看自己属于哪种类型？什么样的服装相对更适合自己？

当然，这里只是非常粗浅地介绍了一下个人视觉风格判断的关键点，既不完整也不够细致，只是便于大家体会风格与场合的不同之处，理解二者之间融合的关键。关于风格的系统知识，可以参考美目世纪的其他相关书籍或专业课程。

16/

不同风格的场合着装

那么，不同风格的人其场合着装应该如何表达呢？也就是说该如何同时表达风格与场合呢？

风格对应输出的结果，需要依靠风格的几个重要维度来把控，比如前面讲到的脸盘大小、五官大小、面部色差等。不同的面部大小及面部色差，对服装色彩、款式、材质的表达有不同的要求。我们可以根据个人风格特征来输出相应的服装色彩、款式和材质。

而场合对应输出的结果，则需要依靠 TPO 场景氛围、各个场合的形象目标来把控。根据各场合形象目标来输出着装规则，即各个场合的"形色质"规则以及类别组合规则。

从上述两条路径可以看出，风格和场合对服装"形色质"的表达都有相对应的要求，场合对类别组合有比较明确的指向性，而风格与类别组合却并无直接关系。所以，需要同时表达风格与场合时，我们可以先按照场合规则来定出类别组合关系，再根据场合规则与风格，共同输出具体的"形色质"的表达。注意，最后方案的"形色质"，一定要能兼顾场合与风格才行。

我们还是以前面提到的两位女士为例进行分析。

在比较严肃的上班场合，她们都需要穿着西服套装加衬衫，这是由职场着装规则决定的。但由于她们的长相风格不同的，所以适合她们的西服廓形是不一样的、西服领与衬衫领的大小是不一样的、颜色搭配的对比度的强弱是不一样的……

在晚间社交场合时，她们都需要穿着晚礼服裙，这是晚间社交的场合着装规则决定的。但由于风格不同，她们各自适合的晚礼服裙也是有所不同的。左侧的女士更适合小巧精致的晚礼服裙，配以淡雅的颜色与适度的光泽表达；而右侧的女士则更适合夸张大气的晚礼服裙，配以浓艳的色彩与比较强的光泽表达。

　　所有的场合都可依此类推。只要在同一场合下，就都得按照同样的场合着装规则来穿，所以着装的类别组合就会比较类似，相应的"形色质"规则也同样需要遵守。但是风格差异会使得每个人适合的具体款式细节不同、具体配色不同、材质不同。

我们把同一个人不同场合的着装放在一起进行比较，不难发现场合虽然有变化，但风格始终是稳定不变的。每个场合的类别组合都明显不同，但每套着装的廓形大小、细节大小都类似；色彩搭配方面，虽然具体选的颜色不一样，但配色效果给人的整体感受是非常类似的。因为它们都是穿在同一个人身上的。

比如这位女士，所有场合的着装都能突出她柔和、甜美的风格特征。

再如另一位女士，所有场合的着装都能突出她醒目、大气的风格特征。

总结一下场合与风格融合型方案输出的具体步骤，主要分两步走；第一步是根据场景来决定类别组合构成以及基本的"形色质"规则；第二步是在第一步的基础上，根据风格进一步调整具体的"形色质"表达。这样就能保证输出的方案既满足了场合规则，又满足了个人风格。

　　经常有人问我，风格和场合究竟哪个更重要？大家对这个问题的答案可能都不尽相同。我曾在一份消费者着装习性分析报告里看到一道调研题，调查消费者在购买服装时更看重什么。调查结果显示，女士的答案中排第一的是服装风格，排第二的是服装的场景应用；而男士的答案正相反。虽然男女对这个问题的认知有一定差异，但在服饰的选择中，两性对风格和场合都非常看重。所以，风格和场合都很重要。我们不应顾此失彼，而应同时平衡好两者的关系。

　　风格，让我们能够找到自我，认知自我，实现自尊，实现与自己的和谐相处。场合，则能让我们与他人和谐相处，与环境和谐相处，与这个世界和谐相处。而和谐相处的背后，需要的是我们的自律。这就是风格与场合的结合表达，缺一不可。

读后思考作业

请你试着分析一下自己的风格，看看能否搭配出适合自己风格的各种场合的着装搭配。

第6章

怎样在正式场合中既得体
又时髦

17/

"冲突"带来时髦和年轻感

在进行场合着装搭配时，大家有时可能会觉得像职业场合、社交场合这些偏正式的场合，规则比较容易把握，但也很容易穿得太过板正，看上去不够时尚。但当我们想要有所突破、想要增加一定时尚感的时候，又很容易一不小心做过头而穿到休闲场合里去了。怎么把握好这个尺度呢？怎样可以既表达场合特性，又看起来很时髦呢？这就要学会在搭配中制造一些"冲突"感，而"冲突"往往能带来时髦感和年轻感。

混搭就是一种"冲突"。混搭手法，包括风格上的混搭，还有场合上的混搭。这里我们特别强调场合的混搭。

为什么要进行场合混搭？因为混搭可以迅速提升你着装的时尚值。混搭就是把不同的东西融合在一起，而这种冲突与碰撞，很容易创出新的效果。所以，混搭常常可以和时髦画等号。

特别要注意的是，混搭绝不等于乱搭。混搭不是把不同的东西简单粗暴地放在一起就行，还是要追求一定的和谐度。和谐即是美，如果为了冲突而冲突，没有半点和谐度，那么也就很难形成美感了。所以，我们追求的混搭应该是可以表达美的混搭。这也是为什么有些时尚达人名副其实，而有些所谓的时尚达人，虽然造型很大胆，用了很多所谓混搭的方法，但是结果却相当"雷人"。所以，混搭要讲方法的、有规律，否则会直接影响最终的效果。

场合混搭，就是把原本不属于同一个场合的元素组合在一起，但最终结果却能表达某一场合的形象。

以通勤场合的着装来举例。说起通勤场合的典型类别，大家立刻能想到西服、衬衫、风衣、马甲、公文包等。如果在这个场合，加入牛仔裤、休闲鞋、针织毛衣等原本属于休闲场合的类别，就属于用到场合混搭的方法了。

场合混搭时有两点要注意：

（1）如果搭配的是通勤场合的着装，那么通勤场合的元素就要占比更多一些，混入的休闲场合的元素占比要少一些，不能喧宾夺主。

切忌为了混搭而影响大局，否则会导致结果跑偏。所以，牛仔裤、针织衫虽然都可以出现在通勤场合的搭配中，但却不建议出现在同一套搭配中，那样很容易使搭配结果走向休闲场合。

要提醒大家注意的是，鞋子、包、配饰都是会影响混搭结果的重要元素，千万不要轻视它们的作用。其实，比较会穿搭的人，衣服不一定有很多，但拥有的配饰往往不会太少。各种场合、各种材质造型的配饰，在搭配中往往能起到画龙点睛的作用。尤其是在进行场合混搭时，有时候会成为决定一套服装场合去向的关键点。

（2）不能用极致冲突的场合元素来进行混搭。

比如通勤场合可以用西服套装来搭配休闲平底鞋，但不能用特别严谨的西服套装与特别粗犷的休闲鞋子进行搭配，这样是不和谐的。为通勤场合进行混搭时，应配以精致、简约的休闲平底鞋，这样才能与职场的西装和谐搭配。

只要掌握了这两个要点，就能很好地应用场合混搭的方法了。四大场合之间不同的场合元素都可以进行相应的混搭。

可以试着思考一下，日间社交场合的元素是不是也可以适当应用到通勤场合里去？比如日间社交的丝巾和胸针就可以搭配在通勤场合中，但要注意：第一，要控制好隆重度，不能让日间社交的元素占上风，整体还是要以通勤场合的氛围为主；第二，混入的丝巾要简约、图案规则、颜色中性、光泽不要过强，混入的胸针也要更简约、直线条一些。这样才能与通勤场合其他典型单品和谐搭配在一起。

依此类推，晚间社交中可以混入休闲元素，休闲场合中也可以混入晚间社交元素，日间社交场合中可以混入休闲元素；通勤场合中也可以混入休闲元素……

关于应该如何进行场合混搭的问题，我们再来强调和总结一下：第一，场合混搭首先要考虑的就是把来自不同场合的要素放在一起；第二，其中某一场合的要素，混入的比例要适当放大，使搭配结果有比较明显的场合倾向，建议充分利用配饰资源；第三，要尽量避免极致场合要素之间的混搭，因为这样可能会造成过强的场合冲突印象，很难达到和谐的美感。

最后再补充一点。前面讲到三大正式场合的着装时，我们发现每个最正式的场合级别（高档位），规则相对是不能被打破的，无论是配置规则（类别组合规则）还是元素规则（"色形质"规则）。这也说明在三大正式场合中，最正式的那个档位场景无法用到场合混搭的方法。场合混搭往往用于中低档的场景。比如相对严谨但不是最严肃的职场，又或者相对隆重但不是最隆重的社交场合等。

三大正式场合（晚间社交、日间社交、通勤）中，生活中大多数人对最高档位最正式的着装需求往往占比不多，占比较多的是中低档位的需求。所以，场合混搭还是大有可为的。

另外，在规则相对不能被打破的最正式的场合，虽然不能用到场合混搭的方法，但依然可以适当制造一些"冲突"感，比如可用到服装比例的冲突。举例来说，在搭配通勤场合的西服套装时，西服可以略长、略宽松一些，西裤略短一些（穿到九分），裤型相对更合体一些。这样，通过长短、松紧的冲突，也能增加一定的时髦度，打破原有套装刻板的印象。

由此可见，穿"正装"并不等于穿"老气"。正式场合的着装，一样可以时髦和年轻。不妨尝试一下。

结语

在注重自我感受、追求个性化形象的今天，"场合着装"也许已被很多人忽视。虽说穿衣无绝对的对错，但在人与人交往的社会体系中，穿衣有相对的对和错。场合着装体现的是一个人对社会的参与程度，代表着一个人对社会角色的认知和理解。希望书中的思路、方法和内容能破除你过往对场合着装的误解，帮助你建立比较健康的、适合自身需求的着装方式。为你的工作和生活带去一定的参考价值。希望大家能够学以致用，多多实践，达成塑造百变角色的心愿，做一个得体的美丽女人！

美目介绍
MMC INTRODUCTION

美目世纪（MMC）成立于 2008 年，由
多位咨询师联合创建，致力于美学系统
的商业化数据研究，搭建量化美学结构
性思维，通过跨界的数据收集、建立中
国消费者的美学数据库。

让消费、设计、生产建立完善的美学生
态链条，达成设计资源的有效利用与管
理，成就美学环保理念。

让量化美学处理系统带动中国服饰、家
居、美妆等行业的产业升级，塑造优质
的产品环境，从个体产品到行业形态达
成科学生产、科学消费、科学发展。

让美学数据融入不同行业，全面推动中
国美学生态社会的发展。

技术介绍
TECHNICAL INTRODUCTION

美目世纪主创人员通过对中国消费者
美学数据长达 20 年的跟踪和分析研
究，以及对各类产品设计元素的各种
组合进行反复破解、处理和验证，提
炼研发出"量化美学"专利技术，并

将之应用于服饰相关行业及个人消费群体，且得到了有效验证。

"量化美学"出于对各行业产品的升级考虑，把美学进行结构性、数据化处理。让美学从一个概念、一个感觉，变成一种可以实施落地的方法和手段。

把美的表达做成有逻辑关系的、可以管控的、易实现的数据处理，并渗透到以服饰为代表的各行各业中去，可以有效地避免各环节的浪费、提高效率、美化环境、造福消费者和社会。